高等职业教育公共基础课系列教材

信息技术项目式教程（基础模块）

张彩虹　贺　珂　邓明亮　主　编

胡彦军　王慧敏　王真真　副主编

马慧珍　马泽泽　李梓璇

電子工業出版社

Publishing House of Electronics Industry

北京 • BEIJING

内 容 简 介

本书为高等职业院校信息技术基础教材，在编写时，充分考虑了大学生的知识结构和学习特点，教学内容注重计算机基础知识和学生动手能力的培养。

本书共分为6章，重点介绍了办公自动化软件Office中文字处理软件、电子表格处理软件和演示文稿软件的使用、信息检索、新一代信息技术概述和信息素养等内容。每章内容通过设置情景案例逐步展开，由易到难，由简单到复杂，符合学习规律，适应高职院校学生的学习特点；将知识点融合于案例之中，激发了学生的学习兴趣；先提出问题再解决问题，明确了学习目的，增强了学生学习的主动性；同时，在每章后面都有综合练习，结合工作、学习和生活中的实际情况提出问题，强化学生的实际操作能力，逐步提高学生使用计算机解决问题的能力。“以项目为载体，任务驱动式教学”是本书的特色。

本书可作为高等职业院校计算机公共基础课程教材，也可作为学习计算机基础知识和参加全国计算机等级考试（一级）人员的培训教材。

图书在版编目（CIP）数据

信息技术项目式教程：基础模块 / 张彩虹，贺珂，邓明亮主编．—北京：电子工业出版社，2022.7
ISBN 978-7-121-43730-4

Ⅰ．①信…　Ⅱ．①张…　②贺…　③邓…　Ⅲ．①电子计算机—高等职业教育—教材　Ⅳ．①TP3

中国版本图书馆CIP数据核字（2022）第115678号

责任编辑：魏建波
印　　刷：涿州市般润文化传播有限公司
装　　订：涿州市般润文化传播有限公司
出版发行：电子工业出版社
　　　　　北京市海淀区万寿路173信箱　邮编：100036
开　　本：787×1092　1/16　印张：12　字数：307.2千字
版　　次：2022年7月第1版
印　　次：2022年11月第2次印刷
定　　价：42.00元

凡所购买电子工业出版社图书有缺损问题，请向购买书店调换。若书店售缺，请与本社发行部联系，联系及邮购电话：（010）88254888，88258888。

质量投诉请发邮件至zlts@phei.com.cn，盗版侵权举报请发邮件至dbqq@phei.com.cn。

本书咨询联系方式：（010）88254609，hzh@phei.com.cn。

前言

本书是郑州电力职业技术学院信息工程系教学团队组织编写的教材，是面向广大在校大学生的教材。“信息技术项目式教程”是一门计算机入门课程，属于公共基础课，是为非计算机专业类学生提供计算机一般应用所必需的基础知识、能力和素质的课程。本书满足高等职业院校的培养应用型人才的教学宗旨，内容丰富，与时俱进，实用性强。

本书满足“针对性、实用性、实践性和可操作性”的要求，采用“项目化”的编写方式，详细介绍了 Word、Excel、PowerPoint 等软件的基础知识和基本操作，通俗易懂，图文并茂。书中大量应用了企业工作中的一系列案例，用有针对性和实用性的实例来辅助知识的学习；每章专设了“思考与训练”一节，提出了一些涉及办公软件常见的具体问题，帮助学生提高软件操作的熟练性。

全书分为 6 章，主要内容包括：第 1～3 章介绍了在企业工作和学校学习过程中的案例，详细描述了 Word、Excel 和 PowerPoint 的使用，第 4～6 章介绍了信息检索、新一代信息技术概述和信息素养与社会责任等相关知识。

参加本书编写的作者均是多年从事一线教学的教师，具有较为丰富的教学经验。在编写时注重实用性和可操作性，案例的选取上注意从读者日常学习和工作的需要出发，文字叙述上深入浅出，通俗易懂。

本书主要由张彩虹、贺珂、邓明亮、胡彦军、王慧敏、王真真、马慧珍、马泽泽、李梓璇等共同编写。由于编者水平有限，时间又比较仓促，书中肯定存在不足甚至疏漏之处，恳请读者提出宝贵意见。

编　者

目 录

第1章　文档处理

Word 作为 Microsoft Office 的核心套件之一，是一款全世界流行的文字处理软件。它提供了强大的文字处理功能，使用它可以轻松地制作出各种图文并茂、音效并存的公文、报告、论文、表格甚至绘图制作。Word 2021 较之前的版本功能更强大，界面更友好，功能更加人性化，使编排效果更好，更有“沉浸式体验”。

学习目标

- ◆ 认识 Word 2021 的工作界面和基本操作；
- ◆ 了解 Word 2021 的文档编辑、图文混排；
- ◆ 了解 Word 2021 表格操作和图形处理；
- ◆ 了解 Word 2021 页面设置；
- ◆ 了解大国工匠精神。

任务 1.1　制作新闻稿

任务描述

利用 Word 2021 制作新闻稿《从“太空课堂”奔向星辰大海》，效果如图 1-1 所示。

任务分析

本任务通过制作新闻稿学习 Word 2021 文档的启动、新建、保存、文本选择、插入特殊符号、文档的加密与解密、首字下沉、文档视图等操作。

从"太空课堂"奔向星辰大海

神舟十三号发射升空并与天和核心舱对接，牵动了全国人民的心。新闻下面，一位网友的留言尤其令人感慨："小学时看王亚平的太空授课，大学时姐姐再度前往星辰大海，是她激发了我对太空的兴趣，我永远感谢她。"

星汉灿烂，梦想无垠。2013年6月20日，神舟十号任务中，中国航天员承担了首次太空授课，吸引全国约6000万中小学生听课，女航天员王亚平风趣幽默、问答自如，给大家留下了深刻印象。在中国人寻梦太空的宏大叙事中，千万青少年也萌发了属于自己的小小梦想。如网友所言，"太空课堂"虽然只有短短40分钟，不过5个实验，留下的历史印记却难以磨灭，对人生的影响深远持久。通过这堂课，孩子们看到的是人类对未知的求索、科学的力量与魅力，以及星辰大海的壮阔与浪漫。

八年过去了，梦想的种子生根发芽，茁壮成长。那些坐在电视机前听课的孩子，有的报考了航空航天专业，甚至成为王亚平的同事；有的虽然专业不同，却同样投身科学攻坚克难。那些当年还未出生的孩子，现在也在翻开视频，追问王老师何时再上太空再次授课。有人问，【太空第一课】究竟带给我们什么？这些追逐和追问就是最好的回答。它不仅激发了孩子们的好奇心和探索精神，引导更多人走入科学殿堂，也拉近了航天科技和日常生活的距离，提升了全体国民的科学素养。同时，也让我们感受到科技进步、国家富强所带来的美好和喜悦，最终沉淀为宝贵的精神财富。

一切伟大成就都是接续奋斗的结果。从神舟十号到神舟十三号，从天宫一号到天和核心舱，"太空课堂"的升级变化，见证了中国航天科技水平的进步与飞跃。看似寻常的演示与互动，背后需要长时间、大容量、不间断的天地通信系统支撑，这是科技硬实力的展示，也是技术能力成熟的标志。正是一代代航天人把好奇心化为脚踏实地的勇气，突破一个又一个"卡脖子"问题，瞄准核心技术领域持续攻关，才有了太空授课的惊喜与精彩。如果中国载人航天无法解决"上得去、呆得住、回得来"的问题，所谓"最高学府"只能是想象中的空中楼阁。八年后，被网友形容为"标间升别墅"的天和核心舱，空间实验室规模更大、系统更复杂、功能更强劲，王亚平的第二课又将如何精彩纷呈，非常值得期待！

梦想无垠，步履不停。王亚平曾说："因为热爱，所以坚持；因为热爱，所以执着；因为热爱，让我有勇气克服重重困难走到现在。"让我们相约"太空第二课"，站在新的时空坐标上开启新的航程，奔向更广阔的星辰大海，拥抱更加美好的未来。

（记者：刘大山 来源：南京日报）

图 1-1　新闻稿效果

任务实施

1.1.1　新建文档

1．启动 Word 2021，Word 2021 窗口如图 1-2 所示。

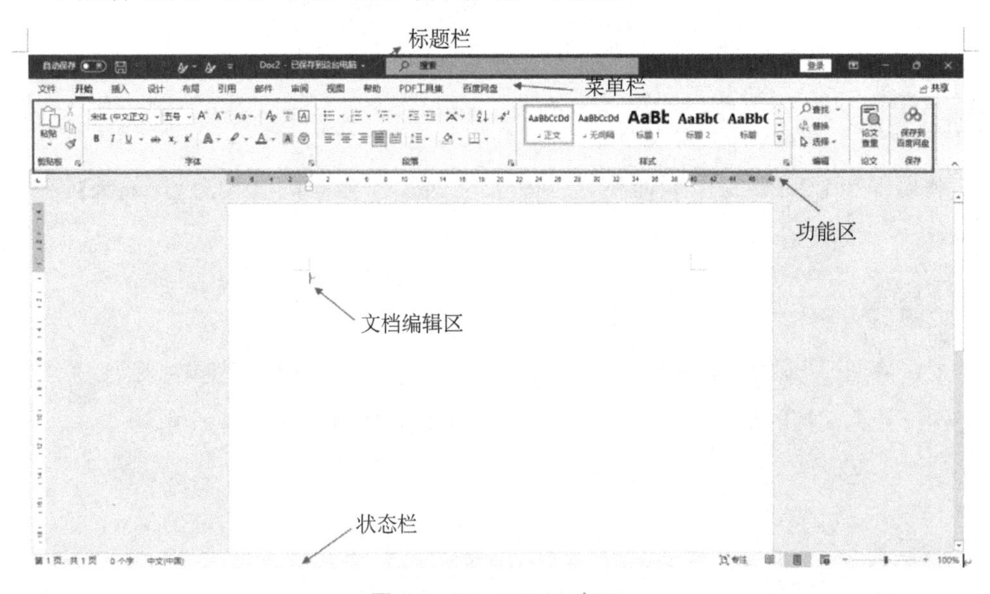

图 1-2　Word 2021 窗口

2. 单击“文件”选项卡中的“新建”命令，在打开的可用模板设置区域中选择“空白文档”选项。单击“创建”按钮，即可创建空白的 Word 文档，如图 1-3 所示。

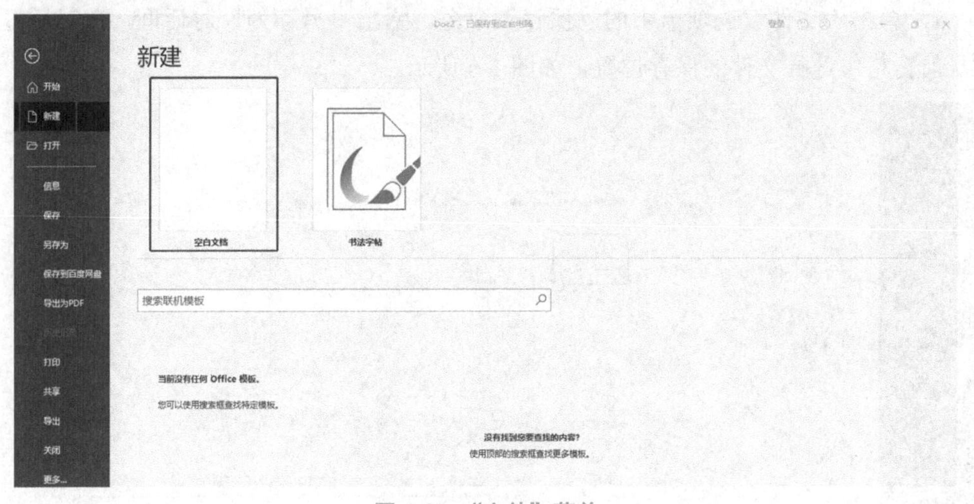

图 1-3　“文件”菜单

❋知识拓展

✧使用【Ctrl+N】组合键可以进行快捷的“新建”操作。

✧将“新建”命令添加到“快速访问工具栏”中后，可以快速单击“新建”命令。

1.1.2　首字下沉

首字下沉主要是针对字数较多的文章标示章节所设置的。

选中第一段的第一个文字“神”，单击“插入”选项卡中的“首字下沉”选项 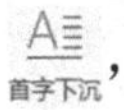 首字下沉，在打开的对话框中设置“下沉行数”为 3 行，单击“确定”按钮，如图 1-4 所示，效果如图 1-5 所示。

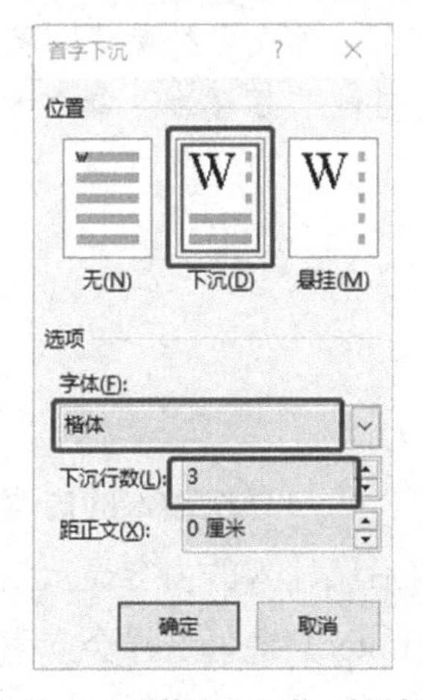

图 1-4　“首字下沉”对话框

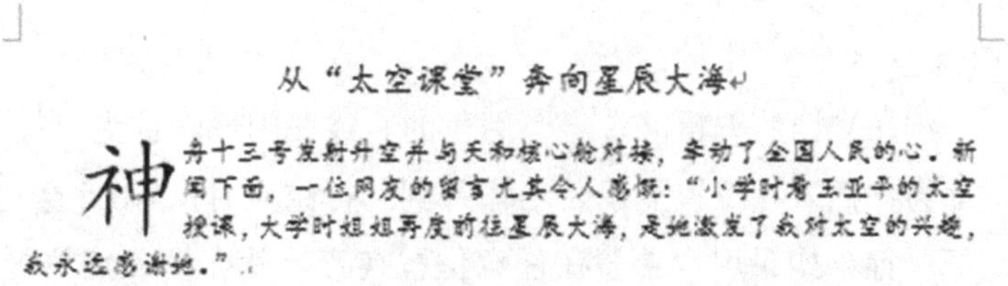

从“太空课堂”奔向星辰大海

神舟十三号发射升空并与天和核心舱对接，牵动了全国人民的心。新闻下面，一位网友的留言尤其令人感慨：“小学时看王亚平的太空授课，大学时姐姐再度前往星辰大海，是她激发了我对太空的兴趣，我永远感谢她。”

图 1-5　“首字下沉”效果

1.1.3 保存文档

1．单击“文件”选项卡中的“保存”命令，弹出“另存为”对话框，在对话框左侧导航窗格中选择文件的保存位置，如图 1-6 所示。

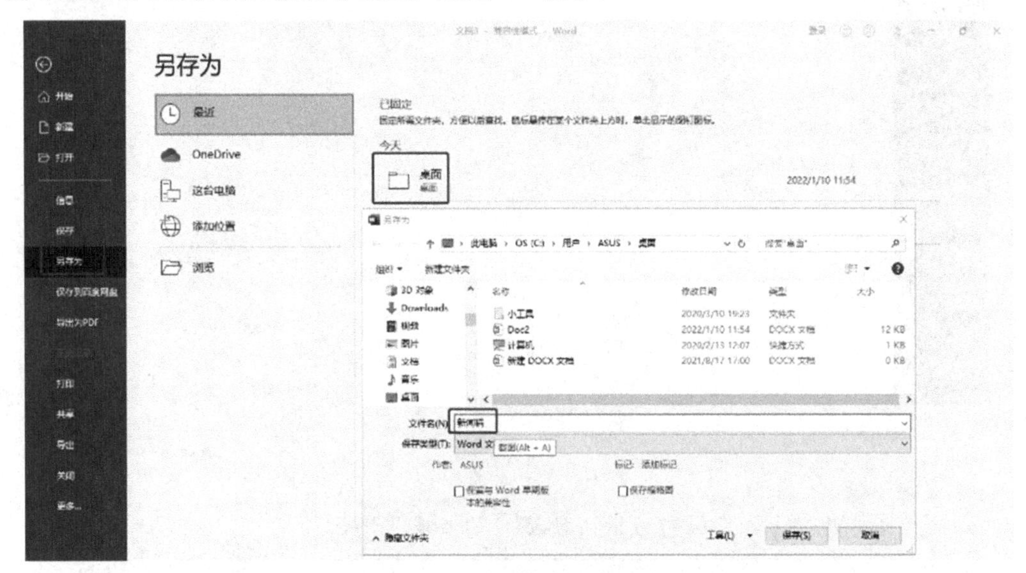

图 1-6 “另存为”对话框

❀知识拓展

✧使用【Ctrl+S】组合键可以进行快捷的“保存”操作。

✧单击快速访问工具栏中的“保存”按钮，也可进行文件保存。

2．在“文件名”框中输入“新闻稿”，并将“保存类型”选定为“Word 文档”。单击“保存”按钮，保存文档。Word 2021 在保存文档时默认的扩展名为“.docx”。

✍提示：在保存文档时，如果文档是新建文档，则单击“保存”按钮将弹出“另存为”对话框，要求设置文档名称和文档路径；如果文件已存在，再次进行保存则按照原文件名和路径进行保存，不会修改原文件名和路径，只有通过“另存为”命令方能修改。

1.1.4 编辑文档

1. 文本录入

在文档的编辑区有一个黑色的竖线在闪烁，称为“插入点”，用户每次输入的内容都会在插入点位置显示。当输入到一行结尾时，Word 会自动将后续输入的内容显示到下一行。如果用户希望在任意位置换行，就在插入点位置按【Enter】键，这样会产生一个段落标记“ ↵ ”。如果按【Shift+Enter】组合键，会产生一个手动段落标记

“↓”，虽然此时也能达到换行输入的目的，但这样并不会结束这个段落，而只是换行输入而已，实际上前一个段落与后一个段落仍为一个整体，在 Word 中默认它们为一个段落。

在插入点如图 1-7 所示位置输入内容：从“太空课堂”奔向星辰大海。

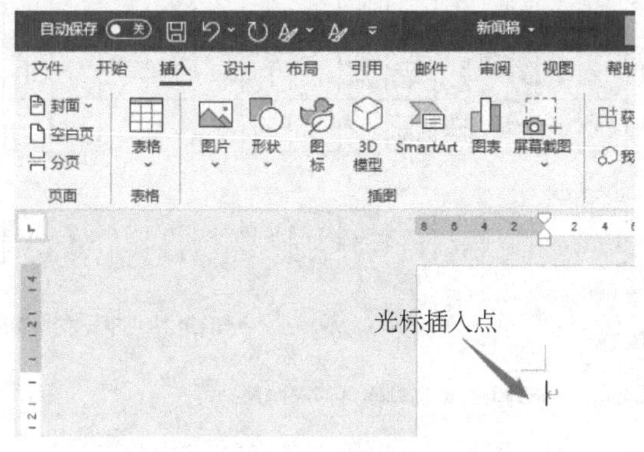

图 1-7　光标插入点

2. 文本选择

选择文本方法：鼠标拖动。

选择词组：在词组上双击。

选择一句：在要选择的句子中的任意位置按住【Ctrl】键的同时单击。

选择一行：将鼠标指针移到该行的左侧，当鼠标指针变成反向箭头形状时，单击选择。此时，若单击后按住鼠标左键不松开，向上或向下拖动可选择多行。

选择一段：将鼠标指针移到该段落的左侧，当鼠标指针变成反向箭头时双击可选择。此时若双击后按住鼠标左键不松开，拖动可选择多个段落。

选择连续区域：先单击选区范围的起始位置，按住【Shift】键再单击选区范围的结束位置，就可以选择起始位置和结束位置之间的区域。

选择不连续区域：按住【Ctrl】键的同时使用前面介绍的方法分别选择不同的区域，就可以得到一个包含不连续区域的选区。

选择文本块：按住【Alt】键选取任意区域。

3. 输入特殊符号

很多时候，用户所需的字符都可以从键盘上直接输入，如果输入的字符不在键盘按键上，可以借助 Word 提供的插入特殊符号功能来完成。

在“新闻稿”文档中，将“插入点”置于文字“太空第一课”之前。单击“插入”选项卡的“符号”组中的“符号”按钮，在弹出的下拉列表中将显示最近或常用的一些符号。选择列表下端的“其他符号”选项，弹出“符号”对话框，如图 1-8 所示。

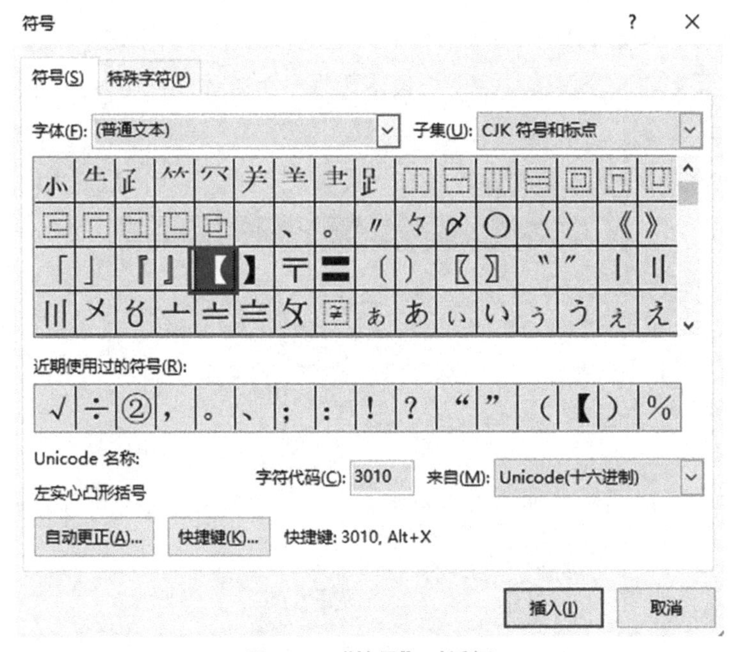

图 1-8　“符号”对话框

单击“符号”选项卡，在“字体”下拉列表中选择“普通文本”选项，可在下方显示不同的符号，选中“【”符号，单击“插入”按钮即可将选择的符号插入到文档中。

1.1.5　关闭文档

单击“文件”选项卡中的“关闭”命令，即可关闭文档。

❋知识拓展

✧使用【Alt+F4】组合键可以快速关闭文档。

✧单击快速访问工具栏中的“ × ”按钮也可关闭文档。

✍提示：如果对文档的更改尚未保存，关闭时则会弹出提示对话框，询问是否保存更改，如图 1-9 所示，单击“保存”按钮进行保存。

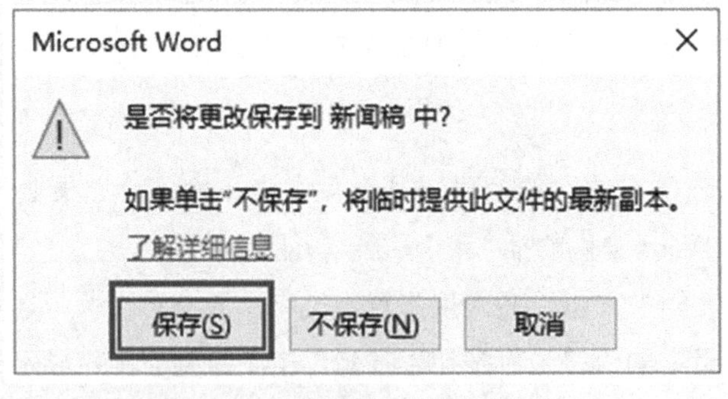

图 1-9　“提示保存”对话框

1.1.6　打开文档

单击“文件”选项卡中的“打开”命令，弹出如图 1-10 所示“打开”对话框。选中“新闻稿.docx”文档，单击“打开”按钮。

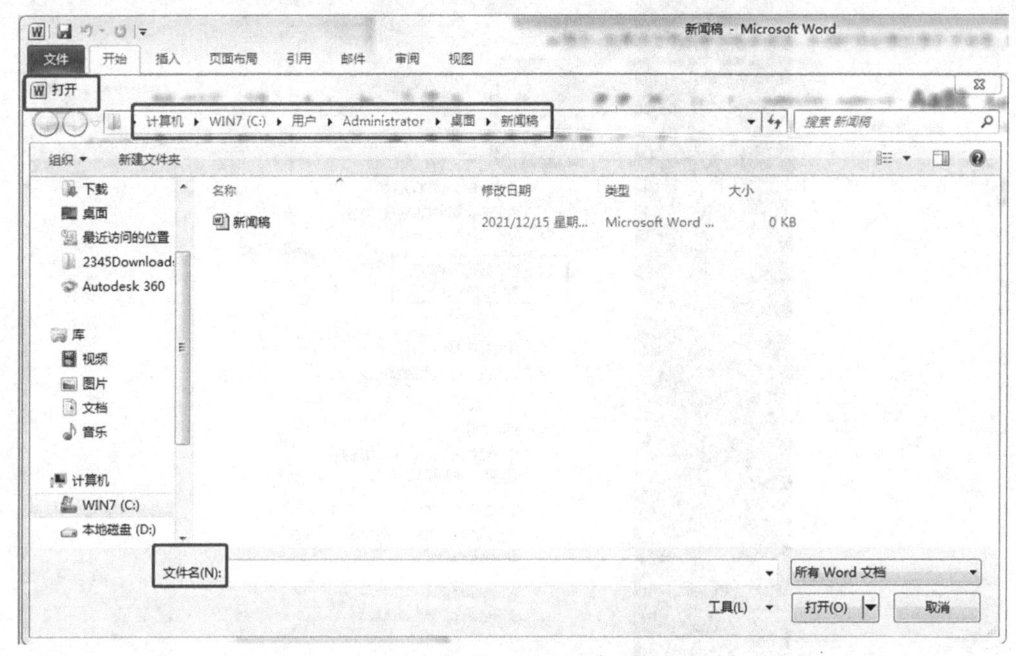

图 1-10　“打开”对话框

✻知识拓展

✧使用【Ctrl+O】组合键可以进行快捷的“打开”操作。

✧单击快速访问工具栏中的“打开”按钮也可打开文档。

1.1.7　加密与解密文档

为文档设置密码，可以保护重要的文档不会被其他人轻易地打开或修改。密码分为打开权限密码和修改权限密码两种。

Word 2021 提供了两种加密文档的方法。

1. 使用“保护文档”按钮加密文档

（1）打开“新闻稿”文档。

（2）单击“文件”选项卡中的“信息”命令，再单击“保护文档”按钮下端的下拉按钮，在弹出的下拉列表中选择“用密码进行加密”选项，如图 1-11 所示。

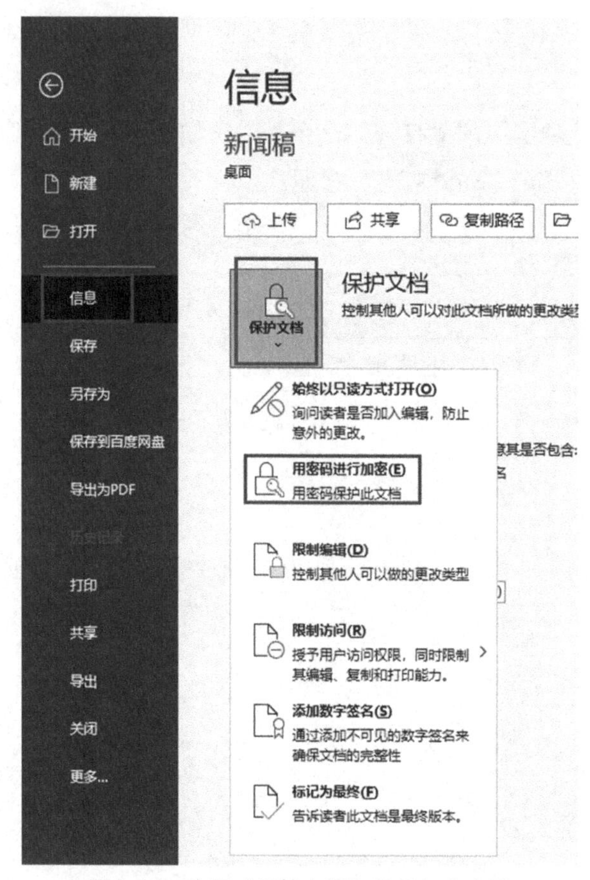

图 1-11 使用“保护文档”按钮加密文档

（3）在打开的“加密文档”对话框的“密码”文本框中输入密码，如图 1-12 所示。

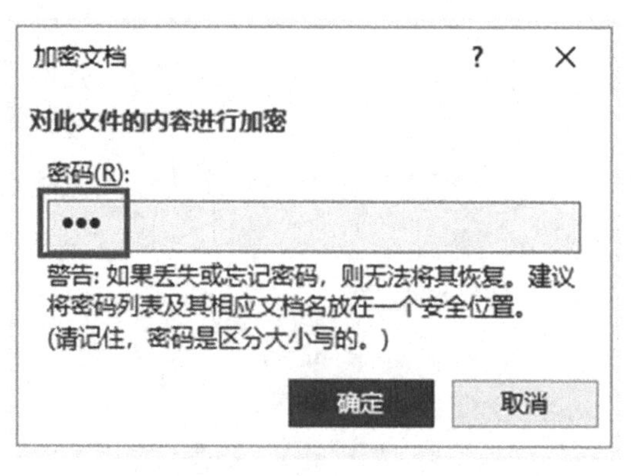

图 1-12 “加密文档”对话框

（4）单击“确定”按钮，弹出如图 1-13 所示“确认密码”对话框。在“重新输入密码”文本框中再次输入密码。

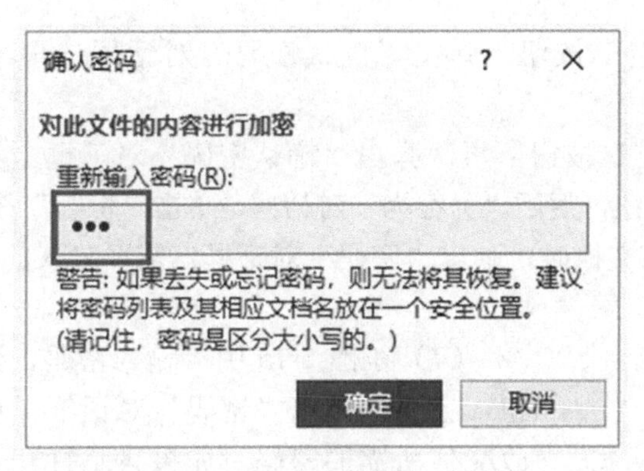

图 1-13　“确认密码”对话框

✍提示：如果确认密码和第一次输入的密码不同，系统就会弹出“确认密码与原密码不相同”提示对话框。单击“确定”按钮，可以返回“确认密码”对话框，再重新输入密码。

（5）单击“确定”按钮就对文档进行了加密。加密后，“保护文档”按钮右侧的“权限”两个字会由原来的黑色变为红色。

（6）单击“关闭”按钮，弹出信息提示对话框，单击“保存”按钮关闭文档。

（7）再打开该文档时，将弹出“密码”对话框，需要输入正确的密码方能打开文档。

2. 使用“另存为”对话框加密文档

（1）打开“另存为”对话框。

（2）单击“工具”按钮，在弹出的下拉列表中选择“常规选项”选项。

（3）弹出“常规选项”对话框，在“打开文件时的密码”和“修改文件时的密码”文本框中输入对应密码，如图 1-14 所示。

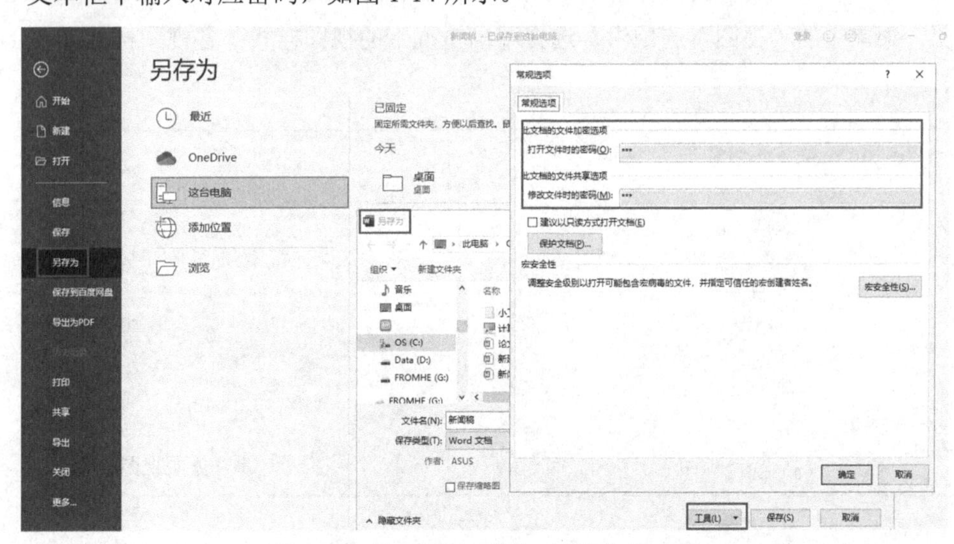

图 1-14　使用“另存为”对话框加密文档

（4）单击“确定”按钮，弹出“确认密码”对话框，再次输入打开文件时的密码。

（5）单击“确定”按钮，再次弹出“确认密码”对话框。输入修改文件时的密码，单击“确定”按钮，返回“另存为”对话框，单击“保存”按钮，返回文档。

（6）再次打开该文档时，弹出“密码”对话框，需要输入的是打开文件所需的密码，如图 1-15 所示。

图 1-15　打开文件时所需的“密码”对话框

（7）在图 1-15 中，输入密码，然后单击“确定”按钮，会再次弹出“密码”对话框，这时需要输入的是修改文件所需的密码。如果只是打开查看文档，那么直接单击“只读”按钮即可打开文档；如果想修改文档，需要输入密码，单击“确定”按钮，即可打开文档并进行修改。

3. 取消密码

（1）打开加密过的文档，弹出“另存为”对话框。

（2）单击“工具”按钮，在弹出的下拉列表中选择“常规选项”选项。

（3）弹出“常规选项”对话框，从中分别删除“打开文件时的密码”和“修改文件时的密码”后，单击“确定”按钮，返回“另存为”对话框，然后单击“保存”按钮，即可取消文档的密码。

1.1.8　视图模式

Word 2021 提供了多种视图模式供用户选择，这些视图模式包括“阅读视图”“页面视图”“Web 版式视图”“大纲视图”和“草稿视图”5 种视图模式。可以通过“视图”菜单中的“视图”选项组，选择不同情况下的视图样式，各视图样式如图 1-16 所示。

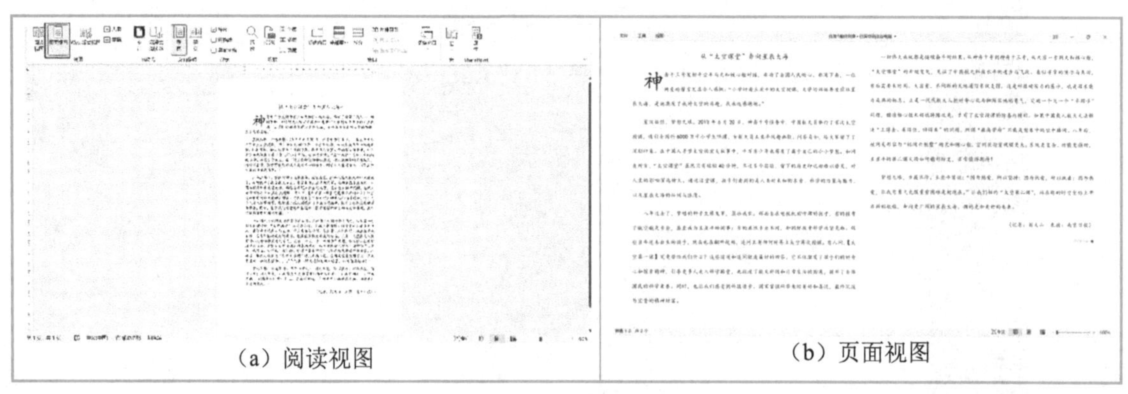

（a）阅读视图　　（b）页面视图

图 1-16　各视图样式

（c）Web 版式视图

（d）大纲视图

（e）草稿视图

图 1-16　各视图样式（续）

1. 阅读视图

阅读视图是阅读文档的最佳视图模式方式，包括一些专为阅读所设计的工具。以图书的分栏样式显示 Word 文档，“文件”选项卡、功能区等窗口元素被隐藏起来。在阅读视图中，用户还可以单击“工具”“视图”按钮选择各种阅读工具。

2. 页面视图

页面视图可以查看 Word 文档的打印结果外观，主要包括页眉、页脚、图形对象、分栏设置、页面边距等元素，是最接近打印结果的页面视图。

3. Web 版式视图

Web 版式视图可以查看文档的网页形式外观，Web 版式视图适用于发送电子邮件和创建网页，如果编辑的文档中包含宽表，该布局也非常理想。

4. 大纲视图

大纲视图以大纲形式查看文档，其中内容将显示为项目符号。大纲视图对于文档中创建标题和移动整个段落都很有用。

5. 草稿视图

草稿视图仅查看文档中的文本，它取消了页面边距、分栏、页眉、页脚和图片等元素，仅显示标题和正文，是最节省计算机系统硬件资源的视图模式。

任务 1.2　制作晚会节目单

任务描述

利用 Word 2021 制作《热烈庆祝中国共产党成立 100 周年文艺晚会》节目单，如图 1-17 所示。

任务分析

通过制作晚会节目单，掌握 Word 2021 文档的项目符号和编号、字符格式、段落格式、边框/底纹、页眉、页脚、分栏、水印、首字下沉等基本设置。

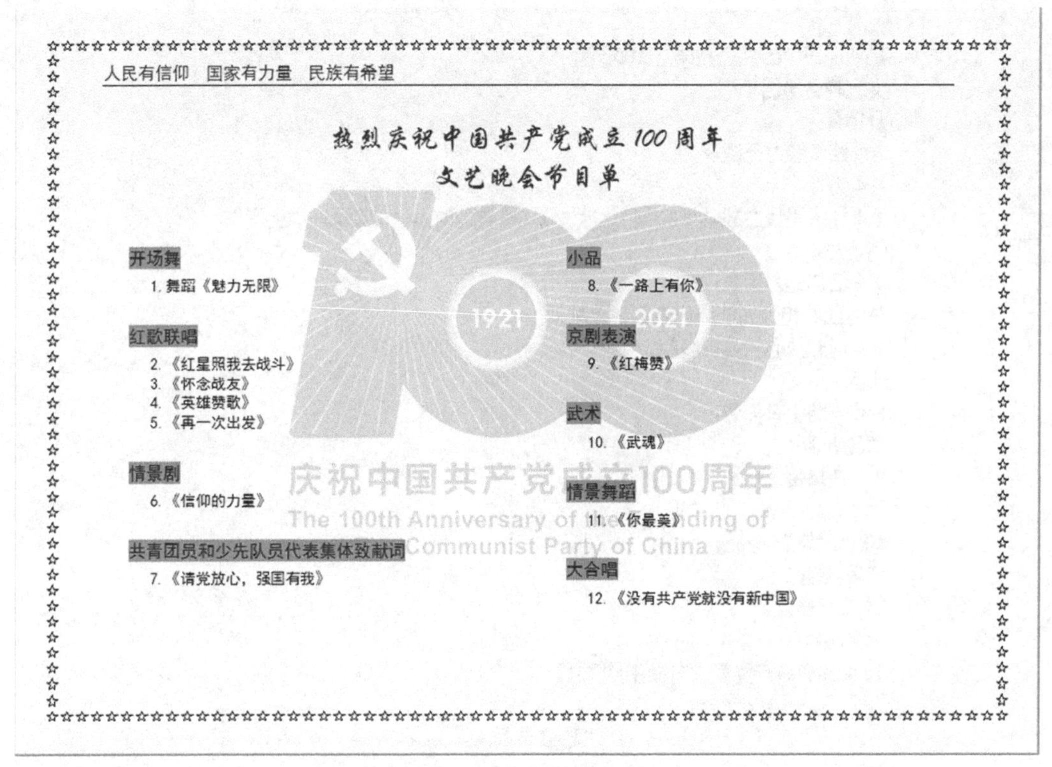

图 1-17 节目单效果

任务实施

1.2.1 字符格式和段落设置

1．启动 Word 2021。

2．单击“文件”选项卡中的“新建”命令，选择“空白文档”选项。单击“创建”按钮，创建空白的 Word 文档，单击快速工具栏中的“保存”按钮。

3．输入文本，按【Enter】键换行，使用相同的方法输入其他文本如图 1-18 所示，完成晚会节目单的输入。

4．按【Crtl+A】组合键选择所有文本内容。

5．单击“开始”选项卡“字体”组中的“字号”下拉按钮，在弹出的下拉列表中选择“小四号”选项，单击“字体”下拉按钮，在弹出的下拉列表中选择“黑体”选项，如图 1-19 所示。

热烈庆祝中国共产党成立 100 周年
文艺晚会节目单
开场舞
1.舞蹈《魅力无限》
红歌联唱
2.《红星照我去战斗》3.《怀念战友》4.《英雄赞歌》5.《再一次出发》
情景剧
6.《信仰的力量》
共青团员和少先队员代表集体致献词
7.《请党放心，强国有我》
小品
8.《一路上有你》
京剧表演
9.《红梅赞》
武术
10.《武魂》
情景舞蹈
11.《你最美》
大合唱
12.《没有共产党就没有新中国》

图 1-18　“晚会节目单”文本内容

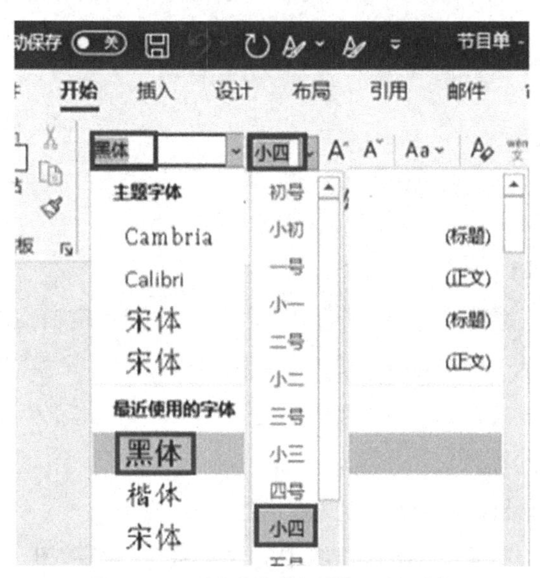

图 1-19　“字体”“字号”下拉列表

❋知识拓展

✧在选中的文字中单击鼠标右键，在快捷菜单中选择“字体”命令（注：后面简述为右键单击，选择“字体”命令），打开“字体”对话框。

✧单击“开始”菜单中的“字体”组右下角的对话框启动器，弹出“字体”对话框。

“字体”组的按钮及功能如图 1-20 所示。

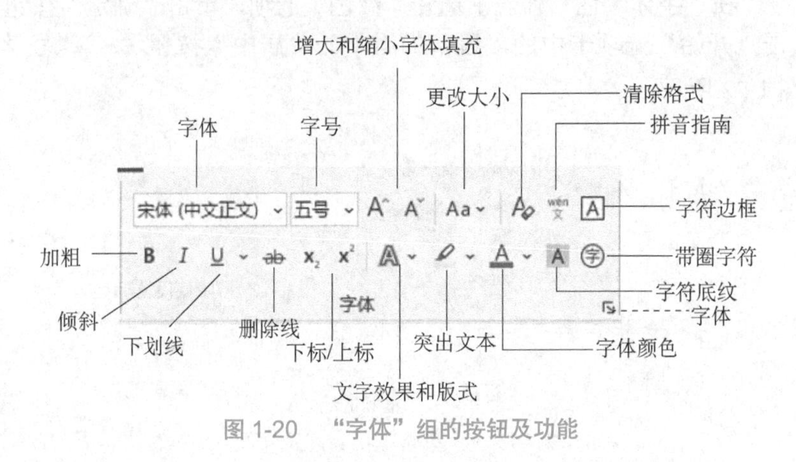

图 1-20　“字体”组的按钮及功能

6．选择要设置的文本“热烈庆祝中国共产党成立 100 周年文艺晚会节目单”，右键单击，选择“字体”命令，弹出“字体”对话框，如图 1-21 所示。

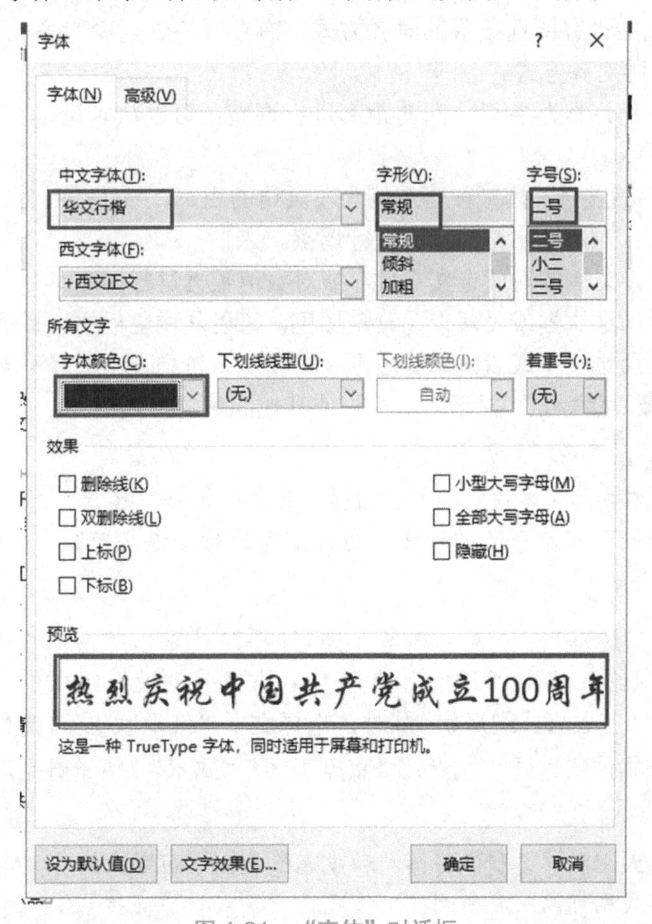

图 1-21　“字体”对话框

7．在“中文字体”下拉列表中选择“华文行楷”选项，在“字号”列表中选择“二号”选项，在“字体颜色”列表中选择“红色”选项，单击“确定”按钮。

8．单击“开始”选项卡中的“段落”组中的“居中”按钮 ≡ ，“段落”组按钮及功能如图 1-22 所示。

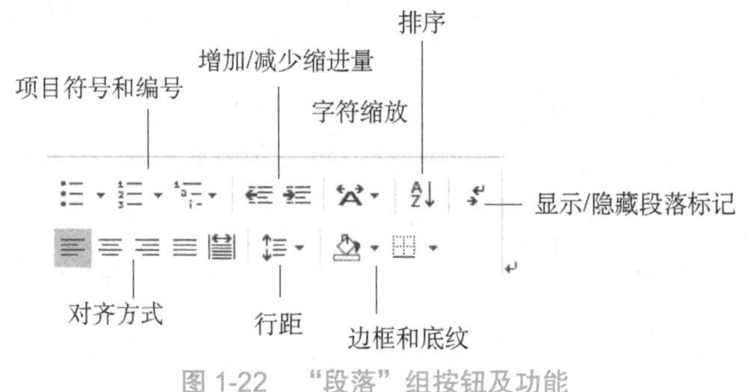

图 1-22 “段落”组按钮及功能

按钮功能解释

- 项目符号和编号：对所选段落设置项目符号、编号列表和多级列表。
- 对齐方式：设置所选段落的对齐方式，有左对齐、居中对齐、右对齐、两端对齐和分散对齐 5 种对齐方式。
- 行距：对所选段落各行之间的距离进行调整，可以从“行距”下拉列表的固定值中选择。
- 增加/减少缩进量：增减段落左侧与左页边的距离。
- 字符缩放：对所选字符的宽度进行调整。
- 排序：按字母顺序对所选文字排序或对数值数据进行排序。
- 底纹：对所选文本或段落设置背景颜色，可以从调色板中选择颜色。
- 边框：对所选文本或段落添加边框，可以从下拉列表中选择不同的边框类型。
- 显示/隐藏段落标记：显示段落标记或其他隐藏的格式符号。

知识拓展

✧在选中文本内右键单击，选择“段落”命令，打开“段落”对话框。

✧单击“开始”菜单中的“段落”组右下角的对话框启动器，弹出“段落”对话框。

9．选中“开场舞”，设置“字号”为“四号”，单击“段落”组中的底纹按钮，选择玫瑰红，双击“开始”选项卡中的“剪贴板”组中的“格式刷”按钮。当鼠标指针变成格式刷形状时，选择文本“红歌联唱”“情景剧”“共青团员和少先队员代表集体致献词”“小品”“京剧表演”“武术”“情景舞蹈”和“大合唱”。效果如图 1-23 所示。

提示：格式刷能够复制字符格式和段落格式，使用方法如下。

（1）单击格式刷可以一次复制使用格式。

（2）双击格式刷可以多次复制使用格式。

热烈庆祝中国共产党成立100周年
文艺晚会节目单

开场舞
1. 舞蹈《魅力无限》
红歌联唱
2. 《红星照我去战斗》3. 《怀念战友》4. 《英雄赞歌》5. 《再一次出发》
情景剧
6. 《信仰的力量》
共青团员和少先队员代表集体致献词
7. 《请党放心，强国有我》
小品
8. 《一路上有你》
京剧表演
9. 《红梅赞》
武术
10. 《武魂》
情景舞蹈
11. 《你最美》
大合唱
12. 《没有共产党就没有新中国》

图 1-23　设置“底纹”效果图

1.2.2　项目符号和编号

1．让光标在“开场舞”后闪烁，选中“1.舞蹈《魅力无限》”，右键单击，选择“段落”命令，在打开的“段落”对话框中设置段落的“特殊格式”为“首行缩进”，“磅值”为 2 字符，即首行缩进 2 个汉字，如图 1-24 所示。利用格式刷将“2.《红星照我去战斗》”“3.《怀念战友》”“4.《英雄赞歌》”“5.《再一次出发》”“6.《信仰的力量》”“7.《请党放心，强国有我》”“8.《一路上有你》”“9.《红梅赞》”“10.《武魂》”“11.《你最美》”“12.《没有共产党就没有新中国》”格式刷至相同。

2．在“2.《红星照我去战斗》”“3.《怀念战友》”“4.《英雄赞歌》”“5.《再一次出发》”后按回车键，单击项目符号和编号 ，选择编号对齐方式为阿拉伯数字中的左对齐 ，选择“设置标号值”，值设置为 2，效果如图 1-25 所示。

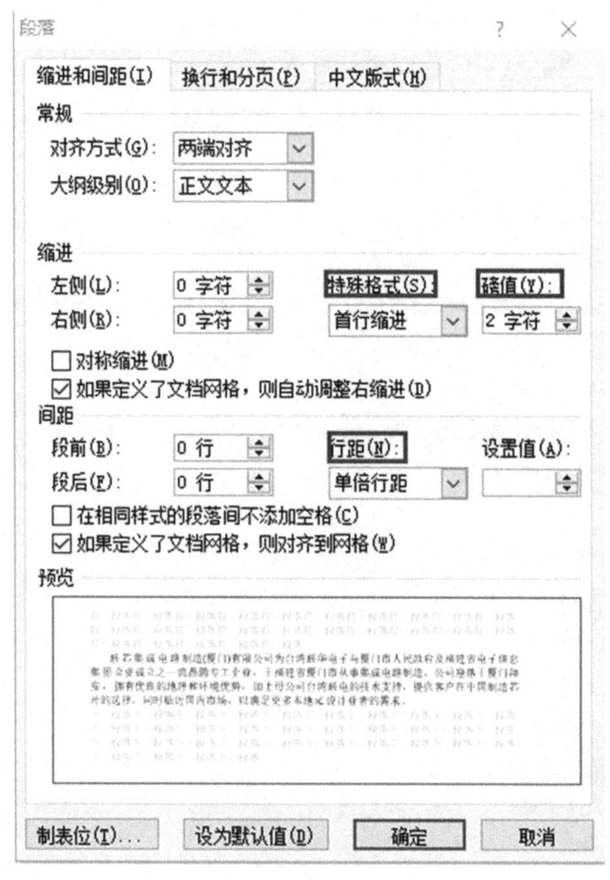

图 1-24　“段落”对话框

2. →《红星照我去战斗》↵
3. →《怀念战友》↵
4. →《英雄赞歌》↵
5. →《再一次出发》↵

图 1-25　插入“项目符号”效果图

1.2.3　纸张设置

选择“页面布局”选项卡，在“页面设置”选项组中，单击“纸张方向”，选择“横向”。

1.2.4　分栏

分栏是一种常用的排版格式，可将整个文档或部分段落内容在页面上分成多个列显示，使排版更加灵活。

1．从“开场舞”处选中剩下的所有文字，单击“页面布局”选项卡中的“页面设置”组中的“栏”按钮，选择“更多栏”，弹出“栏”对话框，如图 1-26 所示。

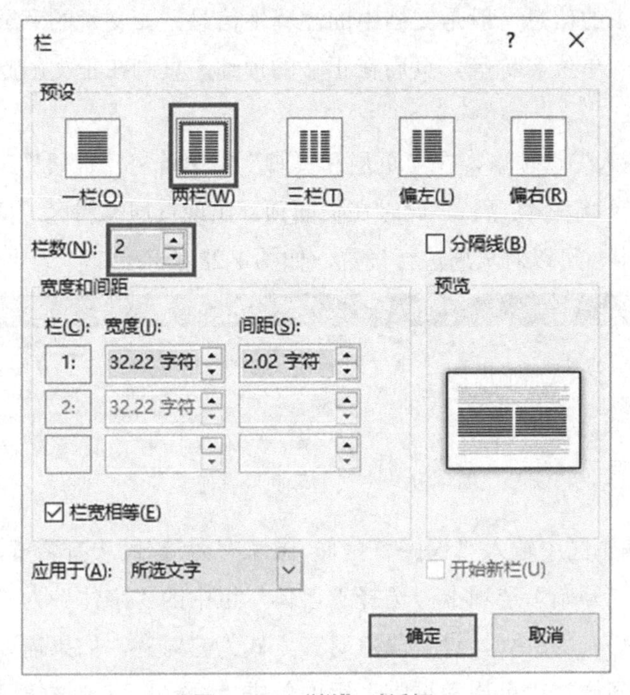

图 1-26　“栏”对话框

2．设置“栏数”为两栏，选中栏与栏之间的“分隔线”，单击“确定”按钮。效果如图 1-27 所示。

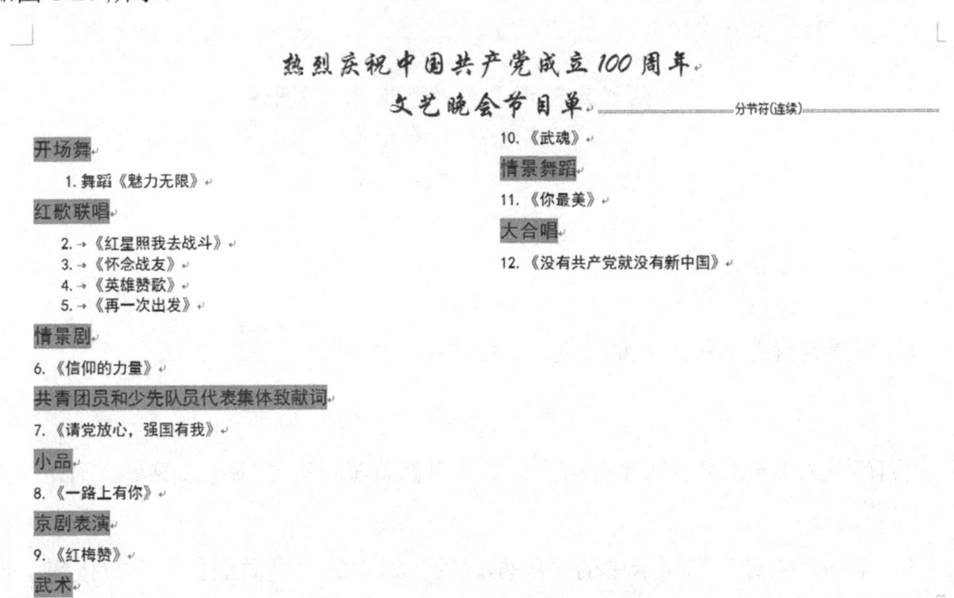

图 1-27　分两栏效果图

1.2.5 页眉和页脚

页眉和页脚中的信息一般是文档中的注释性信息，如文章的章节标题、作者、日期时间、文件名或单位名称等。页眉在正文的顶部，页脚在正文的底部。页码即文档的页数。

1．单击“插入”选项卡，在“页眉和页脚”组中单击“页眉”下拉按钮，在弹出的下拉列表中选择“编辑页眉”，此时在页面顶部出现页眉编辑区，同时自动打开“页眉和页脚”选项卡，可以对页眉进行设置，如图 1-28 所示。

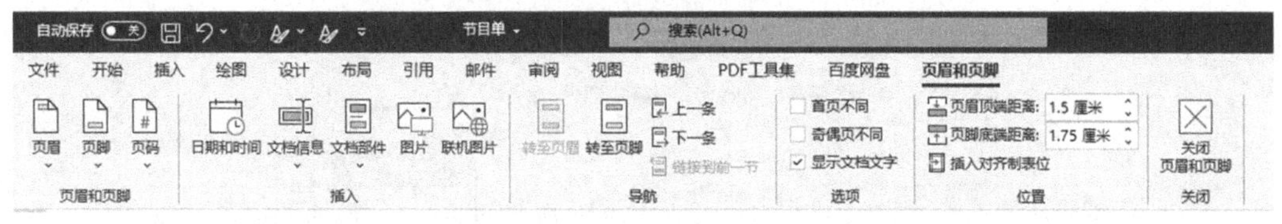

图 1-28 “页眉和页脚”选项卡

2．在页眉编辑区中输入“人民有信仰 国家有力量 民族有希望”，选中页眉中输入的文字，单击“开始”选项卡，选择“字体”组中的“字体”为“黑体”，“字号”为“四号”，颜色为“红色”，设置段落对齐方式为左对齐。如果需要设置页脚，方法与此类似。页码同样在“页眉和页脚”组中单击“页码”下拉按钮，在弹出的下拉列表中选择需要的页码样式，如果要对页码样式进行修改，双击页码进入页码编辑状态，重新设置即可。效果如图 1-29 所示。

人民有信仰 国家有力量 民族有希望

热烈庆祝中国共产党成立100周年

文艺晚会节目单 分节符(连续)

图 1-29 设置“页眉”效果图

1.2.6 页面背景

页面背景设置选项包括页面颜色、页面边框、水印。

1. 页面颜色

我们可以为 Word 文档创建有趣的背景，页面背景可以是渐变、图案、图片、纯色或纹理。

（1）单击“设计”选项卡中的“页面背景”组中的“页面颜色”下拉按钮，选择“填充效果”，弹出如图 1-30 所示“填充效果”对话框。

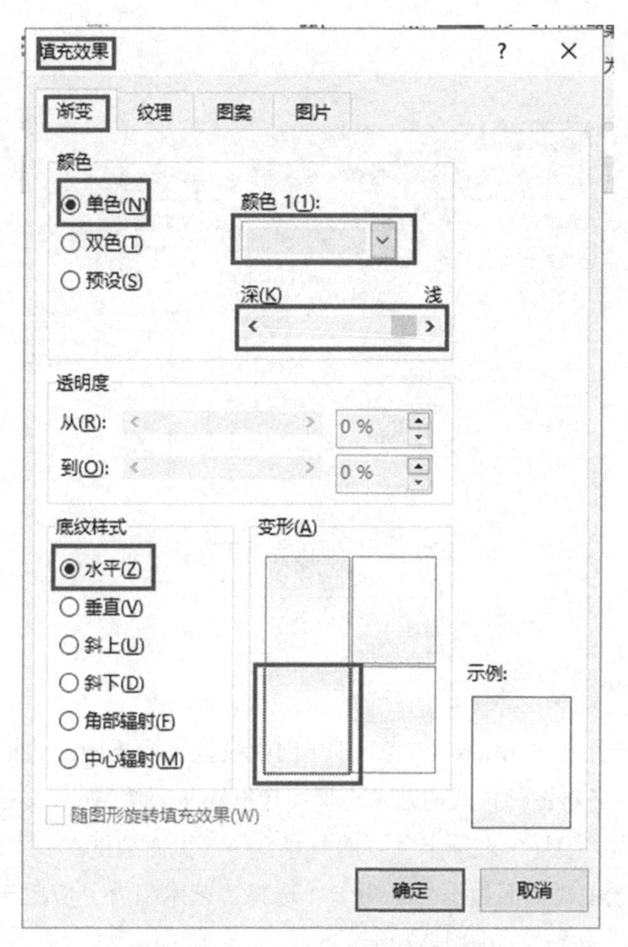

图 1-30　“填充效果”对话框

（2）在“渐变”选项卡中选择“单色”，“颜色”设置为“浅黄”，指针指向“浅”，“底纹样式”设置为“水平”，选择第 3 种变形，单击“确定”按钮。

2. 水印

对于一些重要文件，给文档加上水印，例如“绝密”“保密”的字样，可以让获得文件的人都知道该文档的重要性。Word 文档具有添加文字和图片两种类型水印的功能，水印将显示在文档文字的后面，它是可视的，不会影响文字的显示效果。

（1）单击“设计”选项卡中的“页面背景”组中的“水印”下拉按钮，选择“自定义水印”，弹出如图 1-31 所示“水印”对话框。

（2）选中“图片水印”单选按钮，单击“选择图片”按钮，选择素材库内的“水印图片”，设置“冲蚀”效果，单击“确定”按钮。

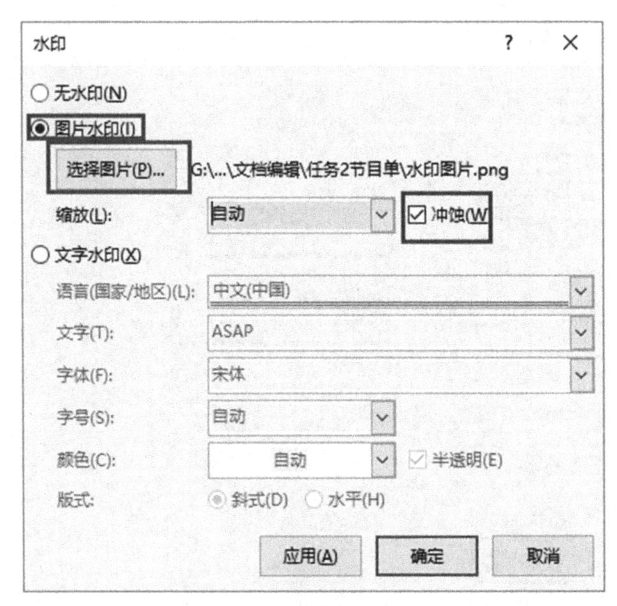

图 1-31　“水印”对话框

3. 页面边框

页面边框主要用于在 Microsoft Word 文档中设置页面周围的边框，可以设置普通的线型页面边框和各种图标样式的艺术型页面边框，从而使 Word 文档更富有表现力。

（1）依次单击“设计”选项卡“页面背景”→“页面边框”→“边框和底纹”，在打开的对话框中选中“页面边框”选项卡，选择“艺术型”，“应用于”设为“整篇文档”，单击“确定”按钮，如图 1-32 所示。

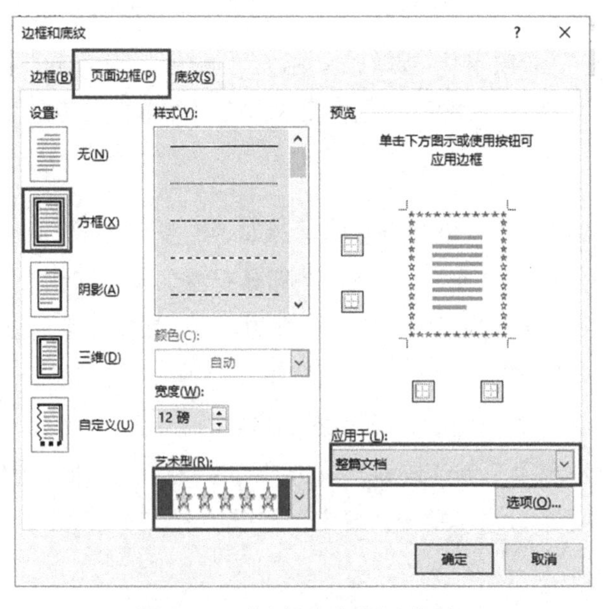

图 1-32　“边框和底纹”对话框

（2）在“节目单”中的每个节目后添加换行效果，最终效果如图 1-33 所示。

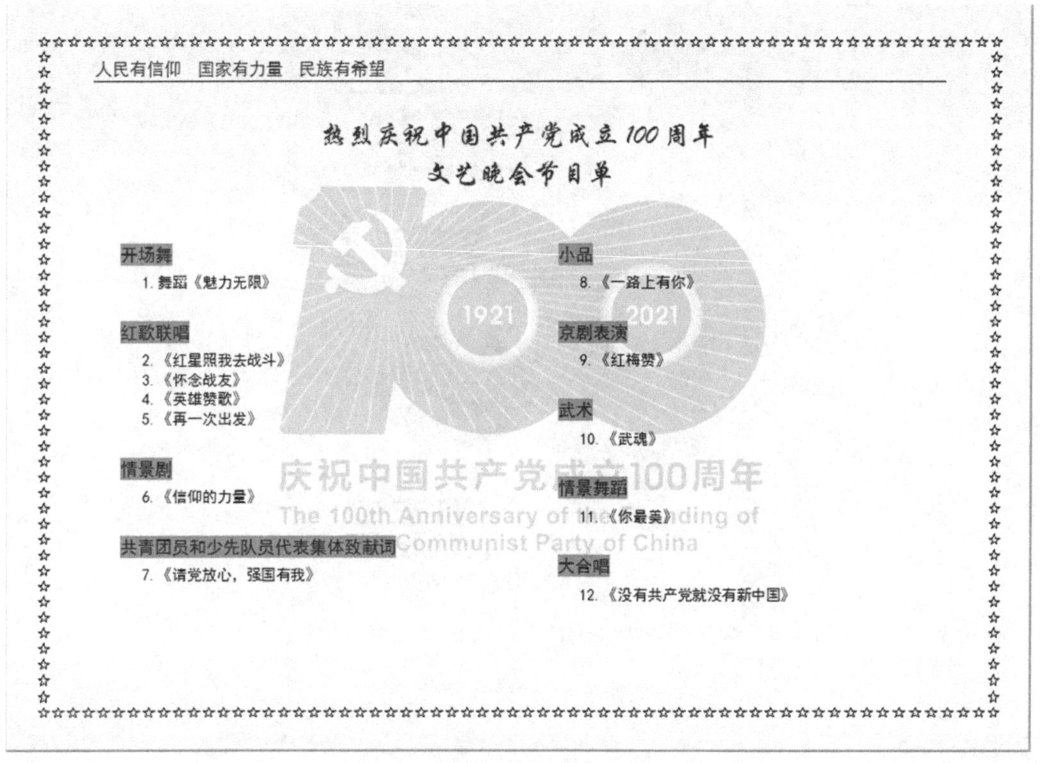
人民有信仰　国家有力量　民族有希望

热烈庆祝中国共产党成立100周年

文艺晚会节目单

开场舞

1. 舞蹈《魅力无限》

红歌联唱

2. 《红星照我去战斗》
3. 《怀念战友》
4. 《英雄赞歌》
5. 《再一次出发》

情景剧

6. 《信仰的力量》

共青团员和少先队员代表集体致献词

7. 《请党放心，强国有我》

小品

8. 《一路上有你》

京剧表演

9. 《红梅赞》

武术

10. 《武魂》

情景舞蹈

11. 《你最美》

大合唱

12. 《没有共产党就没有新中国》

图 1-33　“节目单”效果图

任务 1.3　制作公司销售页

任务描述

利用 Word 2021 制作公司销售页，效果如图 1-34 所示。

任务分析

本任务通过制作公司销售页，要求掌握在 Word 2021 文档中插入图形的方法和编辑图形的技巧，从而实现图文混排、美化文档的目的。

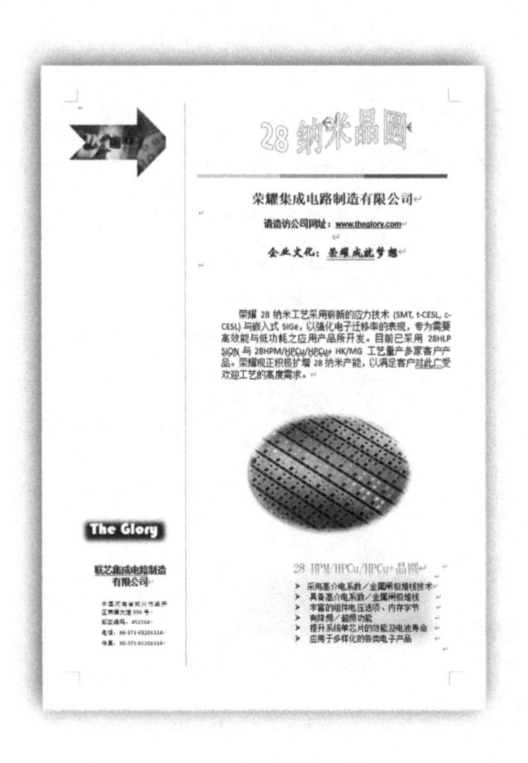

图 1-34　公司销售页效果

任务实施

1.3.1　插入图形元素

1．新建一个 Word 文档，保存文件名为“销售页面.docx”。

2．将插入点移至要插入图片的位置，单击“插入”选项卡中的“插图”选项组中的“片”按钮，选择“销售页面”文件夹里的图片“芯片.jpg”。

3．选中插入的图片，调整其大小后，利用“图片格式”面板下“格式”选项卡中“大小”选项组中的“裁剪”按钮，选择“裁剪成形状”中的“燕尾形箭头”，完成的效果如图 1-35 所示。

图 1-35　效果图

✻知识拓展

在 Word 文档中，可以通过图 1-36 所示的“插入”选项卡插入各种图形，比如图片、Word 剪贴画库中的剪贴画、形状、SmartArt 图、图表、屏幕截图及艺术字等，如图 1-37 所示。

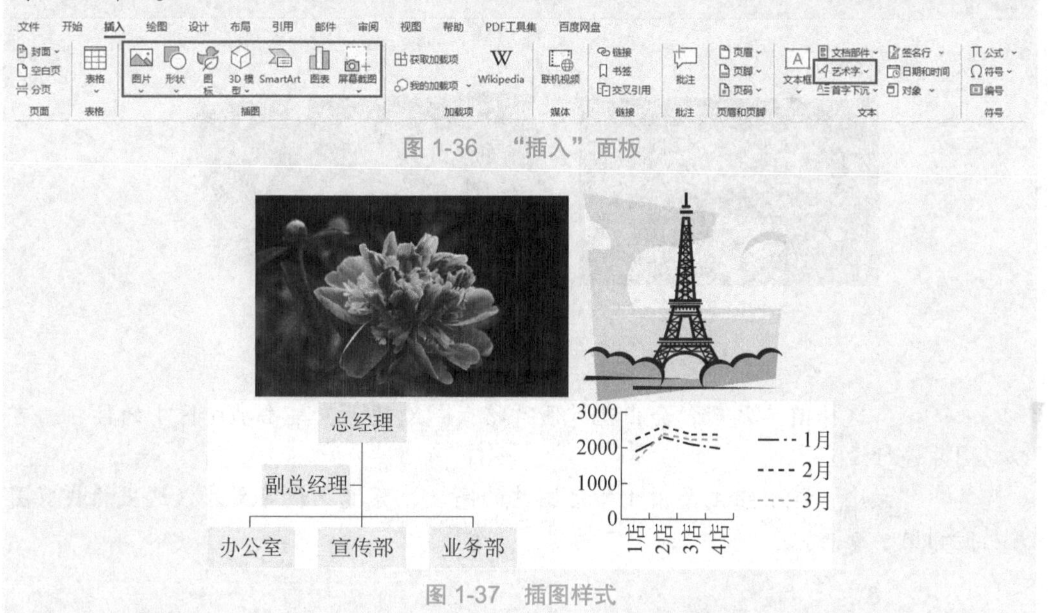

图 1-36 “插入”面板

图 1-37 插图样式

✻知识拓展

图片的许多操作都需要使用图片工具，选中需要编辑的图片就会出现“图片格式”选项卡，单击功能区中的按钮，可以完成图片的编辑工作，如图 1-38 所示。

✧图片调整：图片调整工具如图 1-39 所示，包括删除背景（示例如图 1-40 所示）；更正颜色、艺术效果和压缩图片等。

✧图片样式：图片样式工具如图 1-41 所示，包括图片边框、图片效果和图片版式等。

✧图片样式的设置方法：选择图片，在出现的图片样式中，选择需要的效果样式，如棱台透视效果，如图 1-42 所示。

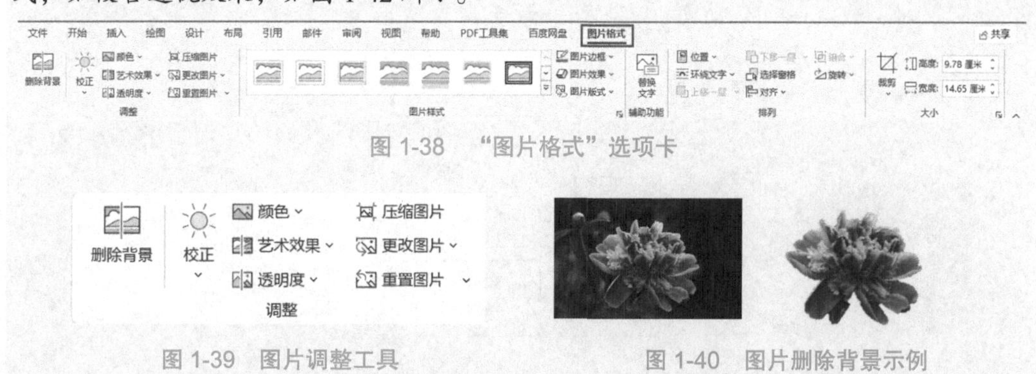

图 1-38 “图片格式”选项卡

图 1-39 图片调整工具

图 1-40 图片删除背景示例

图 1-41　图片样式工具

图 1-42　棱台透视效果

✍提示：选择图片之后，会出现“图片格式”选项卡，单击功能区中的按钮，可以对图片进行设置。

其中“大小”选项组主要用于指定图片的高度、宽度及裁剪图片。这里的裁剪图片功能利用率较高。

1.3.2　插入文本框

1．单击“插入”选项卡中的“文本”选项组中的“文本框”工具按钮，选择“绘制文本框”按钮。

2．如图 1-43 所示，在指定的位置插入 6 个文本框。

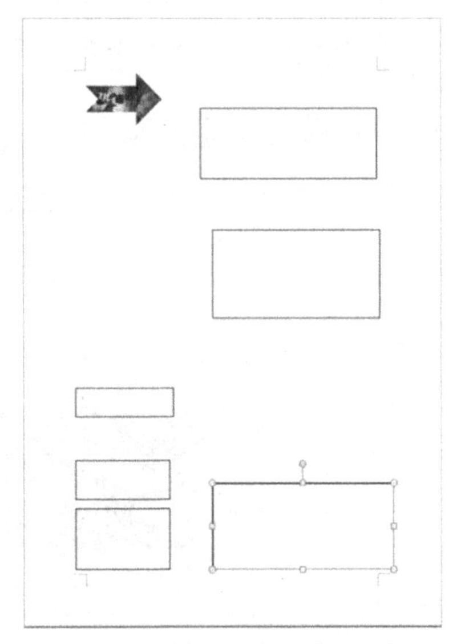

图 1-43　插入文本框效果示例

✱知识拓展

“文本框”可以看作是特殊的图形对象，主要用来在文档中建立特殊文本。例如，在广告、报纸新闻等文档中，通常利用文本框来设计特殊标题，还可以轻松地给图片加上图注，在文本框中可以放置图片、图形、艺术字、表格、公式等对象。使用文本框制作特殊的标题样式，如文中标题、栏间标题、边标题、局部竖排文本效果（如图 1-44 所示）。

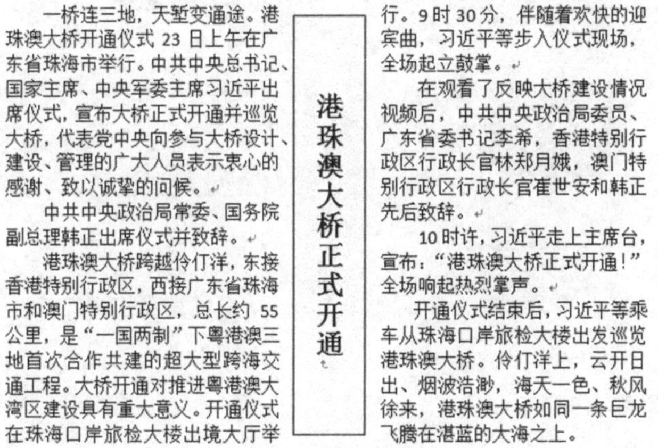

一桥连三地，天堑变通途。港珠澳大桥开通仪式 23 日上午在广东省珠海市举行。中共中央总书记、国家主席、中央军委主席习近平出席仪式，宣布大桥正式开通并巡览大桥，代表党中央向参与大桥设计、建设、管理的广大人员表示衷心的感谢、致以诚挚的问候。

中共中央政治局常委、国务院副总理韩正出席仪式并致辞。

港珠澳大桥跨越伶仃洋，东接香港特别行政区，西接广东省珠海市和澳门特别行政区，总长约 55 公里，是“一国两制”下粤港澳三地首次合作共建的超大型跨海交通工程。大桥开通对推进粤港澳大湾区建设具有重大意义。开通仪式在珠海口岸旅检大楼出境大厅举

港珠澳大桥正式开通

行。9 时 30 分，伴随着欢快的迎宾曲，习近平等步入仪式现场，全场起立鼓掌。

在观看了反映大桥建设情况视频后，中共中央政治局委员、广东省委书记李希，香港特别行政区行政长官林郑月娥，澳门特别行政区行政长官崔世安和韩正先后致辞。

10 时许，习近平走上主席台，宣布：“港珠澳大桥正式开通！”全场响起热烈掌声。

开通仪式结束后，习近平等乘车从珠海口岸旅检大楼出发巡览港珠澳大桥。伶仃洋上，云开日出、烟波浩渺，海天一色、秋风徐来，港珠澳大桥如同一条巨龙飞腾在湛蓝的大海之上。

图 1-44　效果示例

✍提示：还可以通过“插入”选项卡中的“插图”选项组“形状”工具按钮，在下拉菜单的“基本形状”里找到“文本框”和“垂直文本框”。

1.3.3　插入屏幕截图

1．打开 IE 浏览器，在地址栏中输入“荣耀集成电路”的主页网址 http://www.theglory.com。

2．选择左侧第一个文本框，在出现“图片格式”选项卡中，单击“格式”选项组中的“形状轮廓”的扩展菜单，选择“无轮廓”。将插入点移至文本框中，单击“插入”选项卡中“插图”选项组“屏幕截图”按钮的下拉菜单，选择“屏幕剪辑”，将“荣耀标志 logo”剪辑插入文本框中，调整其大小。选中图片，在出现的“图片格式”选项卡中，选择“图片格式”效果为“柔化边缘矩形”样式，效果如图 1-45 所示。

3．按第 2 步中的操作，将剩下的 5 个文本框的轮廓去掉，在里面输入相应的内容，并进行文字样式设置，效果如图 1-46 所示。

图 1-45　效果样式

图 1-46　屏幕截图

1.3.4　编辑文本框

对文本框进行编辑来设置渐变的效果，方法如下：

1．选择右下的文本框，在出现的“设置形状格式”菜单中，单击“形状选项”，选择“渐变填充”，再设置颜色、位置、透明度、亮度，如图 1-47 所示。

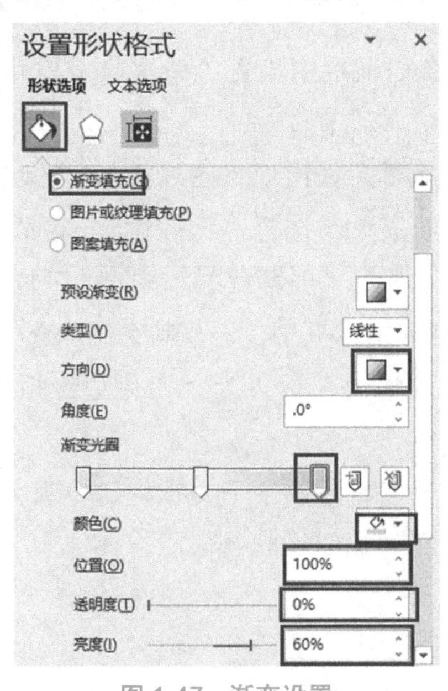

图 1-47　渐变设置

2．设置“线性向右”的渐变效果，并将“文本框”的“形状轮廓”设置为“柔化边缘”2.5 磅，效果如图 1-48 所示。

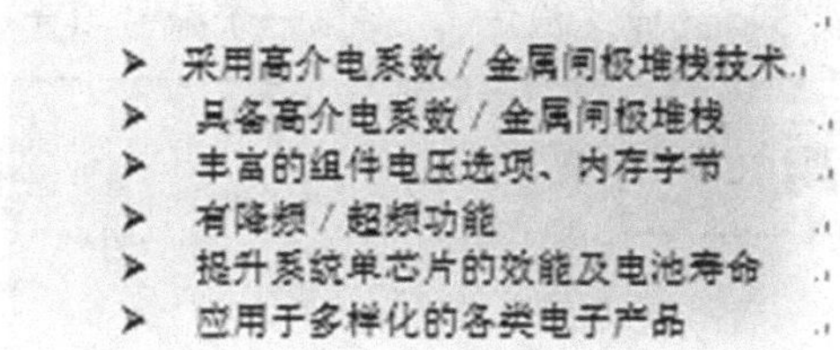

➢ 采用高介电系数 / 金属闸极堆栈技术
➢ 具备高介电系数 / 金属闸极堆栈
➢ 丰富的组件电压选项、内存字节
➢ 有降频 / 超频功能
➢ 提升系统单芯片的效能及电池寿命
➢ 应用于多样化的各类电子产品

图 1-48　渐变效果

1.3.5　制作形状

1．制作左右分割线的方法

单击“插入”选项卡中“插图”选项组“形状”工具的下拉按钮，如图 1-49 所示，选择“线条”下面的“直线”绘制图形。单击直线形状，在“形状格式”选项卡中，在“形状样式”选项组中，将“形状轮廓”的颜色设置为“紫色”，如图 1-50 所示。

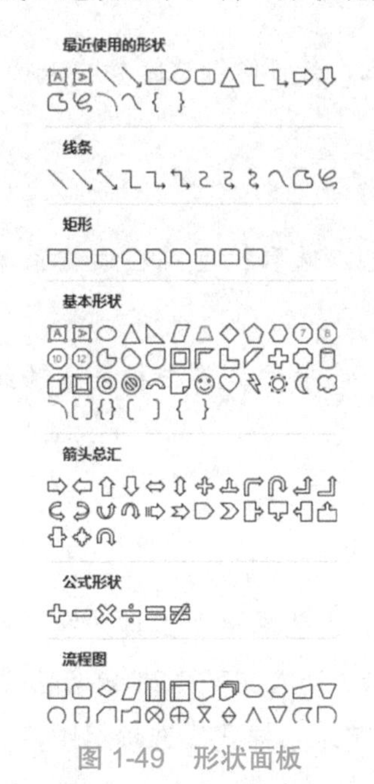

图 1-49　形状面板

图 1-50　分割线示例

2．制作上下分割线的方法

单击“插入”选项卡中“插图”选项组“形状”工具的下拉按钮，选择“公式形状”下面的减号，调整合适的大小后，再复制出两个同样的图形。选中第一个减号，在出现的“形状格式”选项卡中，单击“形状样式”功能区（如图 1-51 所示）中的“形状轮廓”的下拉菜单，选择“黄色”，在“形状填充”的下拉菜单中选择“黄色”。用同样的方法将第二个减号填充成“橙色”，将第三个减号填充成“靛蓝”。

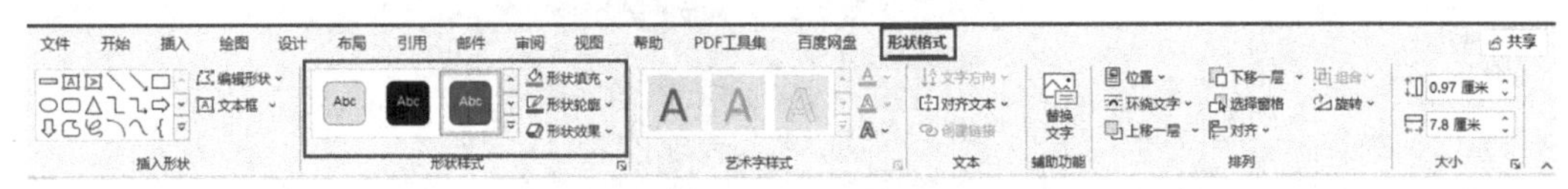

图 1-51　绘图工具面板例

将三个减号首尾相应，横向排开。同时选中三个减号，在出现的“形状格式”选项卡中，单击“排列”选项组中的“组合”，将三个图形组成一个整体，如图 1-52 所示。

图 1-52　组合图形示例

❃知识拓展

编辑图形：系统对用户绘制的图形和插入到文档中的图片或剪贴画的编辑操作是一致的。

具体编辑操作可包括以下几项。

✧在图形中添加文字：这是自选图形的一大特点，并可修饰所添加的文字。

✧设置图形内部填充色和边框线颜色。

✧设置阴影和三维效果。

✧旋转和翻转：强调图形里的文字不会旋转。

✧组合或取消组合图形对象（按【Shift】键可以选取，也可在右键菜单中选择“组合”命令）。

✍提示：选择图片之后，会出现“图片工具”选项卡，单击相关选项组中的按钮，可以通过对图片进行设置。

1.3.6　制作艺术字

1．单击“插入”选项卡中“文本”选项组中的“艺术字”工具按钮，选择“填充：白色、边框：蓝色、主题色 1”，如图 1-53 所示，插入文字“28 纳米晶圆”。选择插入的艺术字，在出现的“形状格式”选项卡的“艺术字样式”选项组中，设置“文本效果”为“波形上”。

2．单击“插入”选项卡中“文本”选项组“艺术字”工具按钮，选择“渐变填充：蓝色，主题色 5；映像”，输入文字“28HPM/HPCU/HPCU+晶圆”，并将该艺术字和文本框进行“组合”，使两者成为一体，效果如图 1-54 所示。

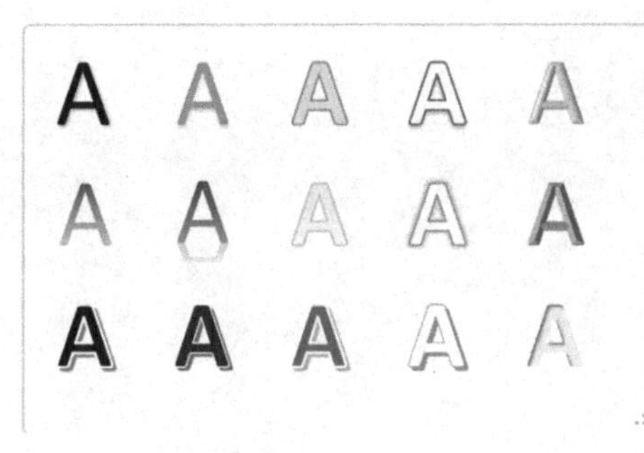

图 1-53　文字效果

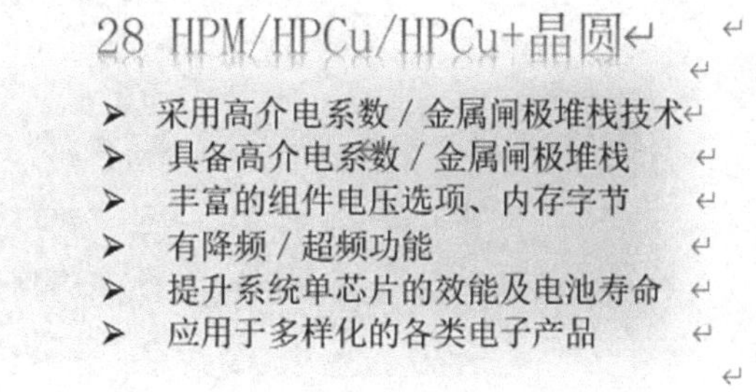

28 HPM/HPCu/HPCu+晶圆
➢ 采用高介电系数 / 金属闸极堆栈技术
➢ 具备高介电系数 / 金属闸极堆栈
➢ 丰富的组件电压选项、内存字节
➢ 有降频 / 超频功能
➢ 提升系统单芯片的效能及电池寿命
➢ 应用于多样化的各类电子产品

图 1-54　效果示例

✍提示：除了“转换”外，还有“阴影”“映像”“发光”“棱台”“三维旋转”等多种文字效果，让艺术字更加丰富多彩。

❋知识拓展

排列：文字和插入的图形等要进行排列，排列工具包括指定图形的位置、层次、对齐方式及组合和旋转图形。通常利用位置或自动换行来设置图片环绕效果，如图 1-55 所示。

位置
环绕文字
上移一层
下移一
嵌入文本行中
文字环绕
其他布局选项(L)...

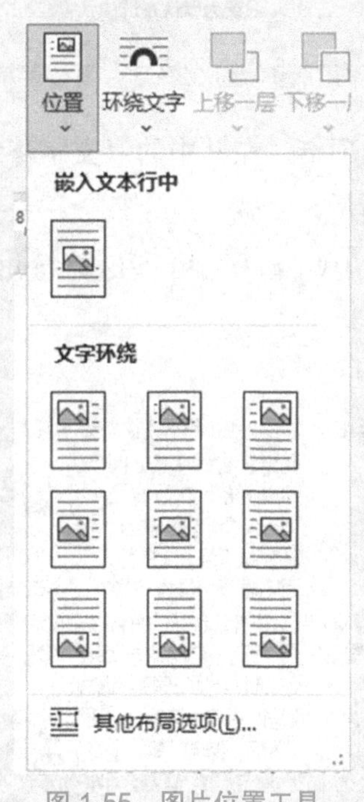

图 1-55　图片位置工具

设置图片环绕方法：

（1）选中图片后，出现“图片工具”选项卡，单击“排列”选项组中的“环绕文字”按钮，显示各种文字环绕格式，选择“其他布局选项”，弹出“布局”对话框，如图 1-56 所示。

图 1-56 "环绕文字"下拉菜单

（2）该对话框包括 3 个选项卡，在其中的“文字环绕”选项卡中可以进行环绕方式设置，完成效果如图 1-57 所示。

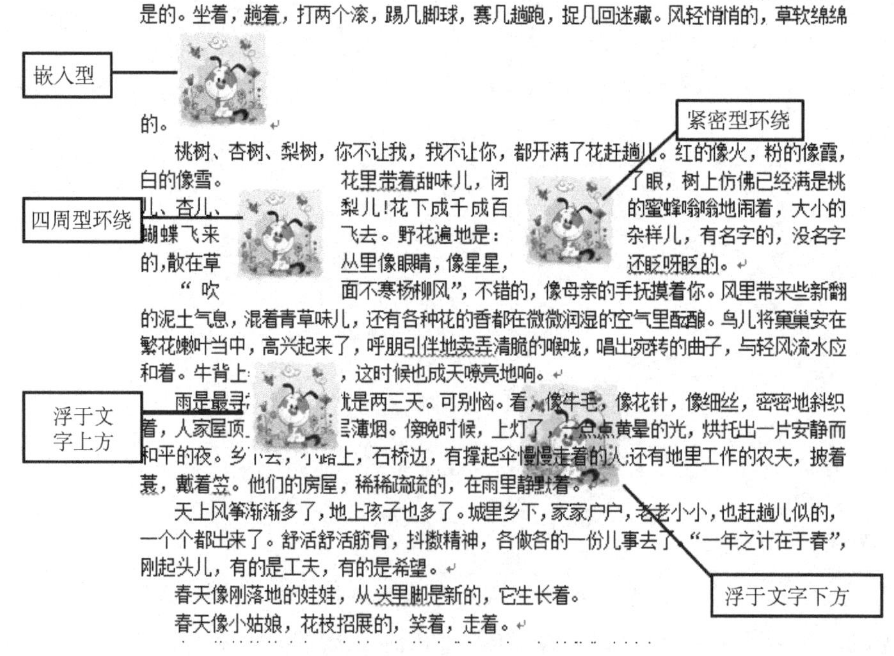

图 1-57 文字环绕效果

✍提示：设置图片环绕，还有两种方法：

（1）单击“页面布局”选项卡中“排列”选项组中的“位置”按钮，选择“其他布局选项”。

（2）在图片上单击鼠标右键，选择“环绕文字”中的“其他布局选项”选项。

1.3.7　导出 PDF

将设计好的文档导出为 PDF 格式文件方便查看和印刷，方法有如下两种：

第一种，将编辑好的销售页保存后，打开“PDF 工具集”选项卡中的“导出为 PDF”选项组，可以单击“导出为 PDF”按钮；在导出 PDF 格式文件的时候，Word 2021 还提供了“导出并分享到 QQ 软件或电子邮件”，方便使用者直接发送给其他用户。

第二种，我们也可以将编辑好的销售页在另存的时候将“文件类型”选择为 PDF 类型再进行保存。

任务 1.4　论文排版

任务描述

利用 Word 2021 进行论文排版，如图 1-58 所示。

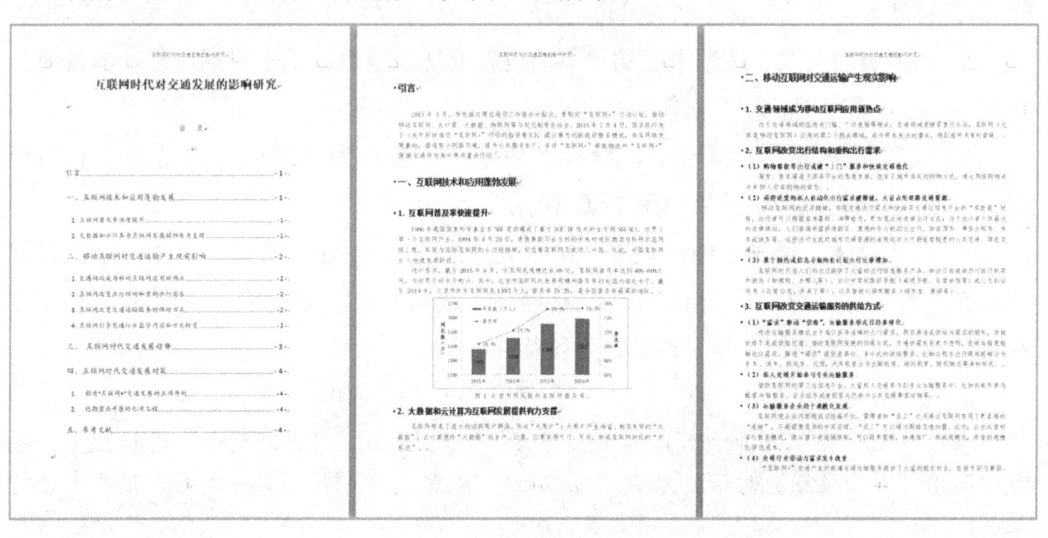
互联网时代对交通发展的影响研究

目　录

引言 ·1·

引言

一、互联网技术和应用蓬勃发展

1. 互联网普及率快速提升

2. 大数据和云计算为互联网发展提供有力支撑

二、移动互联网对交通运输产生现实影响

1. 交通领域成为移动互联网应用新热点

2. 互联网改变出行结构和重构出行需求

3. 互联网改变交通运输服务的供给方式

图 1-58　论文排版

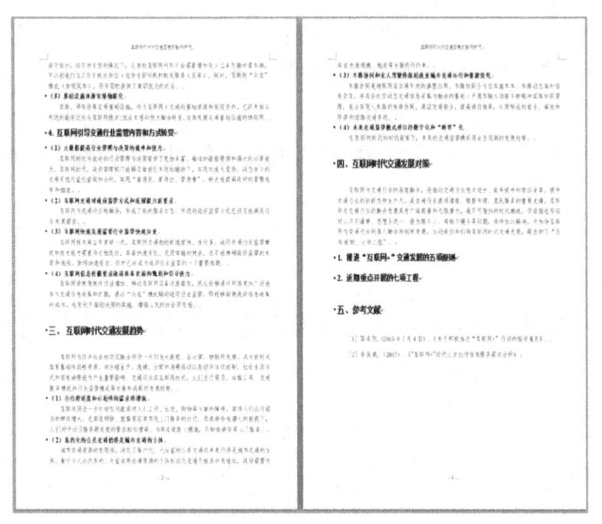

图 1-58　论文排版（续）

任务分析

通过论文排版掌握 Word 2021 文档的样式设置、目录生成与更新、格式刷使用、查找与替换、页面设置、打印及语音朗读功能。

任务实施

1.4.1　页面设置

1．打开素材“论文文字素材.docx”。

2．在“页面布局”选项卡中的“页面设置”选项组内，单击对话框启动器按钮，打开“页面设置”对话框，如图 1-59 所示。

3．在“页边距”选项卡中，设置上边距、下边距为 2.54cm，左边距、右边距 2cm，纸张方向为纵向，效果如图 1-60 所示。

4．在“纸张”选项卡中，设置“纸张大小”为 A4；在“布局”选项卡中，设置页眉和页脚距边界均为 1.5cm；在“文档网格”选项卡中，“网格”选项选定“指定行和字符网格”单选按钮，将字符数设为每行 40。

❋知识拓展

✧“页面布局”选项卡可以对“页边距”“纸张方向”“纸张大小”进行设置；也可以利用“页面设置”对话框里的“页边距”“纸张”“布局”“文档网格”选项卡进行设置。

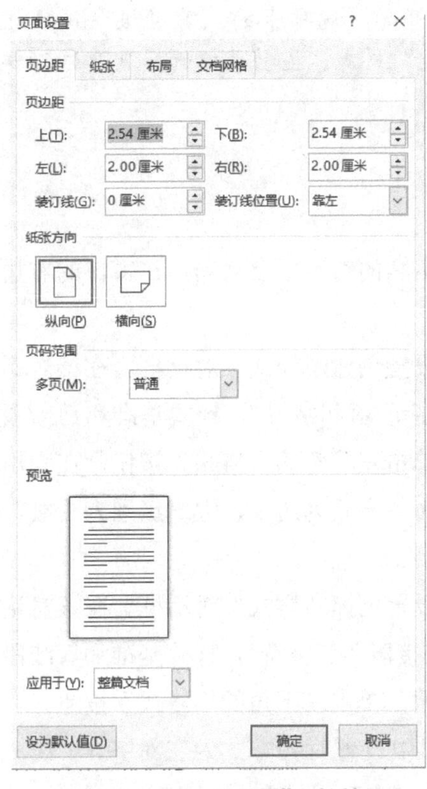

图 1-59 “页面设置”对话框

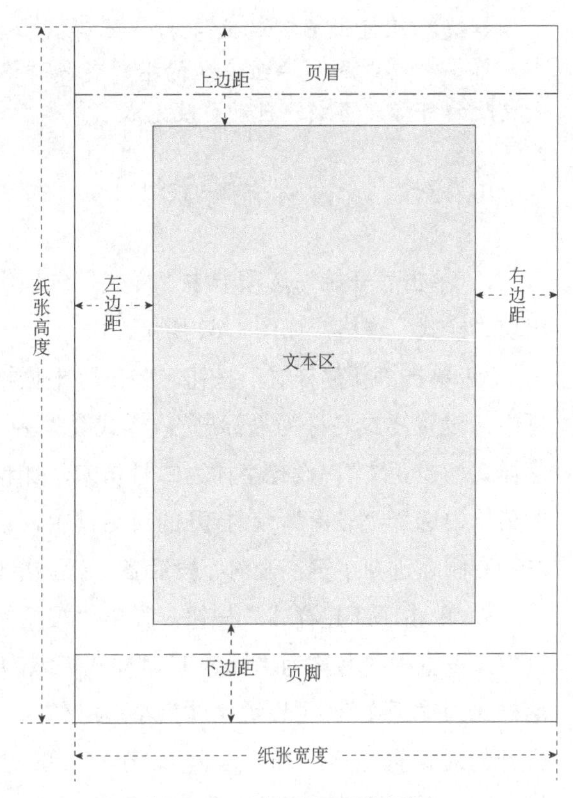

图 1-60 “纸张页面”设置

1.4.2 设置文字和段落样式

1．选中全文，设置字号为小四，字体为仿宋，段前、段后间距均为 0 行，单倍行距，首行缩进 2 字符。

2．选择“引言”第一段落最后重点行动处的［1］，如图 1-61 所示。利用上标按钮或快捷键（【Ctrl+Shift++】），使其变为上标。

2015 年 3 月，李克强总理在政府工作报告中指出，要制定“互联网+”行动计划，推动移动互联网、云计算、大数据、物联网等与现代制造业结合。2015 年 7 月 4 日，国务院印发了《关于积极推进“互联网+”行动的指导意见》，提出着力创新政府服务模式，夯实网络发展基础，营造安全网络环境，提升公共服务水平，并将“互联网+”高效物流和“互联网+”便捷交通作为其中两项重点行动[1]↵

图 1-61 引言第一段落

❋知识拓展

◇对已经设置好的文字样式和格式样式，想要快速将其运用到其他段落，可以通过“格式刷”工具进行设置。

✧选择已经设置好的文字和段落样式，在“开始”选项卡的“剪贴板”选项组中，单击“格式刷”按钮，鼠标指针变成“格式刷”样式，拖动鼠标选择需要进行样式更改的目标，格式就自动更改完成。

1.4.3 设置标题样式

1．单击“开始”选项卡中“样式”选项组右下角的对话框启动器，在窗口的右边出现“样式”窗格，如图 1-62 所示。

2．单击“新建样式”按钮，弹出“根据格式设置创建新样式”对话框。在该对话框中，设置样式名称为“标题”，样式类型为“链接段落和字符”，样式基准和后续段落样式为“正文”。设置字体为二号仿宋，加粗。单击左下角的“格式”按钮，在弹出的菜单中选择“段落”。在打开的对话框中，设置对齐方式为居中，大纲级别为 1 级，左、右侧缩进 0 字符，段前、段后各 1 行，单倍行距。

3．单击“新建样式”按钮，弹出“根据格式设置创建新样式”对话框。在该对话框中，设置样式名称为“标题 1”，样式类型为“链接段落和字符”，样式基准和后续段落样式为“正文”。再设置字体为小三号仿宋，加粗。单击左下角的“格式”按钮。在打开的对话框中，选择“段落”。在打开的对话框中设置对齐方式为左对齐，1 级大纲，左、右侧缩进 0 字符，段前、段后各 1 行，单倍行距，如图 1-63 所示。

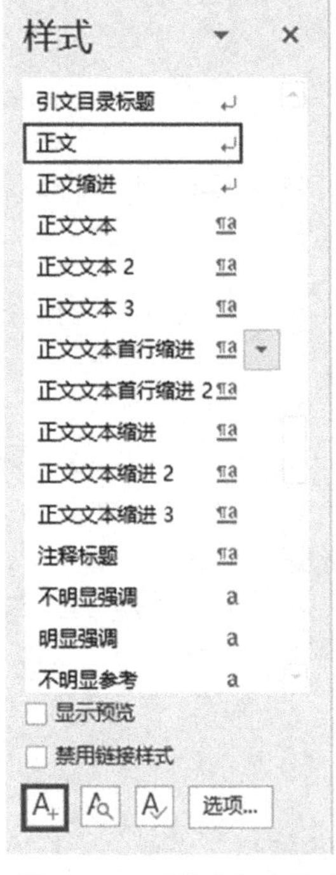

图 1-62 “样式”窗格

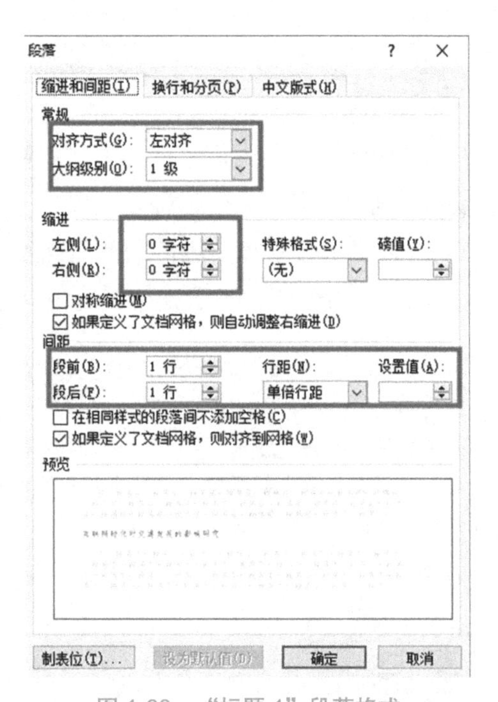

图 1-63 “标题 1”段落格式

4．按同样的方法，设置“标题 2”，字体为四号宋体，加粗。在“段落”对话框中设置对齐方式为左对齐，2 级大纲，左、右侧缩进 0 字符，段前、段后各 0 行，单倍行距，如图 1-64 所示。

5．设置“标题 3”字体为小四号仿宋。在“段落”对话框中设置对齐方式为左对齐，3 级大纲，左、右侧缩进 0 字符，段前、段后各 0 行，单倍行距，如图 1-65 所示。

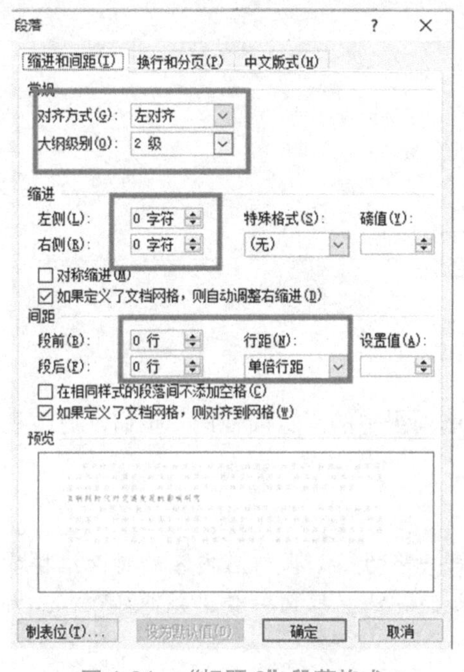

图 1-64　“标题 2”段落格式

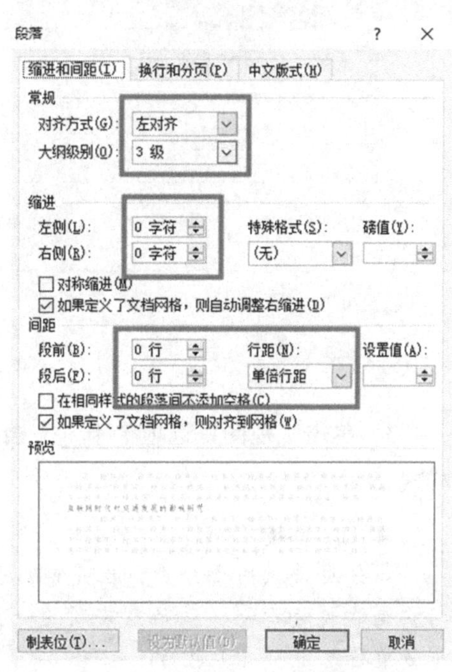

图 1-65　“标题 3”段落格式

1.4.4　应用标题样式

选中“一、互联网技术和应用蓬勃发展”“二、移动互联网对交通运输产生现实影响”“三、互联网时代交通发展趋势”“四、互联网时代交通发展对策”“五、参考文献”，再选择“标题 1”样式。用同样的方法将“标题 2”和“标题 3”应用于各个段落。

1.4.5　进行分节

目录页和文章内容页要分别进行页码排列，因此需要在目录的最后位置进行分节。

1．单击“视图”选项卡下“文档视图”选项组中的“草稿”按钮，调整视图显示类别。

2．将光标置于目录的最后，单击“页面布局”选项卡下“页面设置”选项组中的“分隔符”按钮，在下拉菜单中选择“分节符—奇数页”，效果如图 1-66 所示。

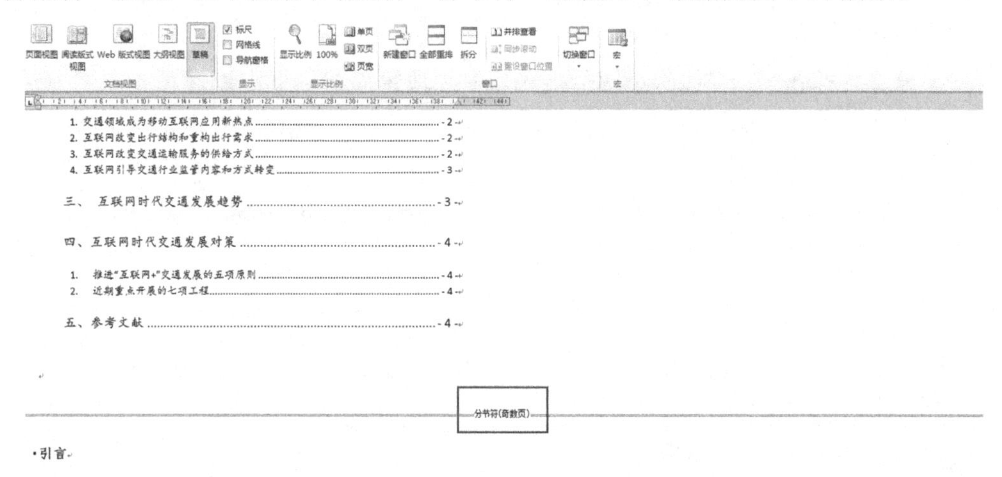

图 1-66　分节效果

3．单击“视图”选项卡下“文档视图”选项组中的“页面视图”按钮，更改视图样式。

❀知识拓展

✧分页符只用于分页，但是前后页还是同一节的；如果前后内容的页面编排方式与页眉和页脚都一样，只需要新的一页开始新的一章，那么一般用分页符即可，当然用分节符（下一页）也行。

✧分节符是用来分节的，同一页可以分为多节，也可以在分节的同时进行分页。在文档编排中，某几页需要横排，或者需要不同的纸张、页边距等，那么将这几页单独设为一节，与前后内容不同节。在文档编排中，首页、目录等的页眉和页脚、页码与正文部分需要不同，此时可以将首页、目录等作为单独的节。

1.4.6　添加页眉和页脚

1．单击“插入”选项卡“页眉和页脚”选项组中的“页眉”按钮，在下拉菜单中选择“编辑页眉”。在页眉编辑区，输入文章标题“互联网时代对交通发展的影响研究”，并设置字体为小五，宋体，居中。

2．单击“插入”选项卡“页眉和页脚”选项组中的“页码”按钮，在下拉菜单中选择“设置页码格式”。在打开的对话框中设置编号格式“1，2，3，…”，起始页码为“1”，如图 1-67 所示。

3．单击“插入”选项卡“页眉和页脚”选项组中的“页码”按钮，在下拉菜单中选择“页面底端—普通样式 2”，在页脚水平居中的位置插入页码。

4．选中正文位置已经添加的页码，单击“插入”选项卡“页眉和页脚”选项组中的“页码”按钮，在下拉菜单中选择“设置页码格式”，设置编号格式为“-1-，-2-，-3-，…”，起始页码为“-1-”，正文位置的页码独立从“-1-”开始排序，如图 1-68 所示。

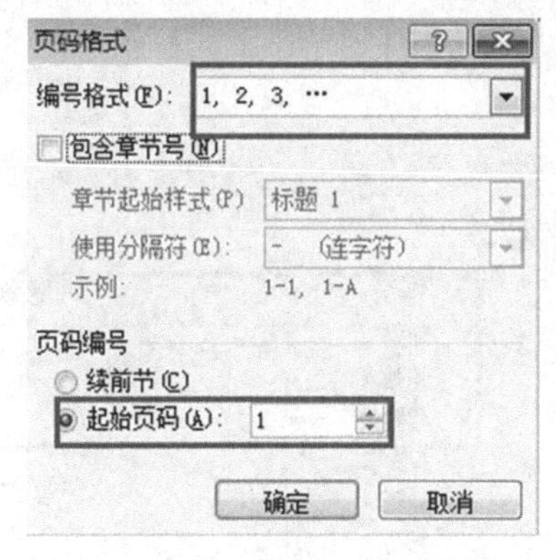

图 1-67　页码格式

图 1-68　正文页码格式

1.4.7　生成目录

1．将光标置于文章标题“互联网时代对交通发展的影响研究”的下方，输入“目录”，设置字体为四号，仿宋。

2．单击“引用”选项卡下“目录”选项组中的“目录”按钮，在下拉菜单中选择“插入目录”命令，打开“目录”对话框，如图 1-69 所示，设置“显示页码”“页码右对齐”“格式”“显示级别”等。

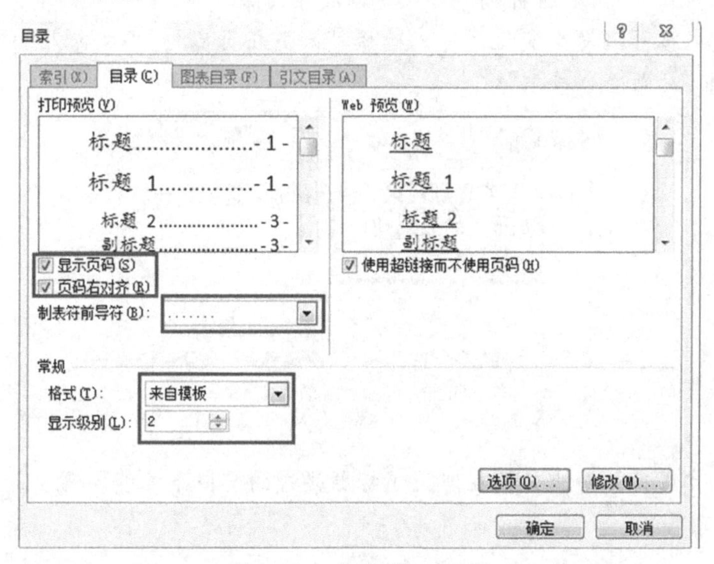

图 1-69　“目录”对话框

3．单击“修改”按钮，在打开的“样式”对话框（如图 1-70 所示）中，对目录文字样式和段落样式进行修改。单击“修改”按钮，在打开的“目录选项”对话框中设置目录显示样式，其中标题不在目录中显示，如图 1-71 所示。

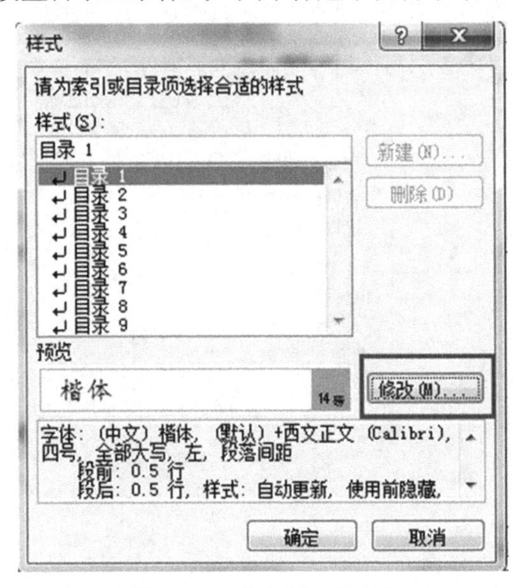

图 1-70　“样式”对话框

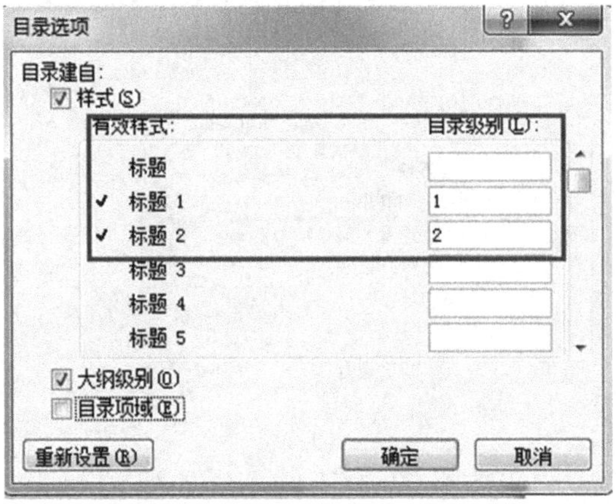

图 1-71　“目录选项”对话框

4．单击“确定”按钮，生成目录。

5．保存文件，名为“互联网时代对交通发展的影响研究.docx”。

❋知识拓展

◇当文章内容被更改时，目录一定要进行更新。“目录更新”对话框如图 1-72 所示，包括两项内容：“只更新页码”和“更新整个目录”。

◇当文章内容页码发生变化，可以选择“只更新页码”；当文章层次结构发生改变时，需要选择“更新整个目录”。

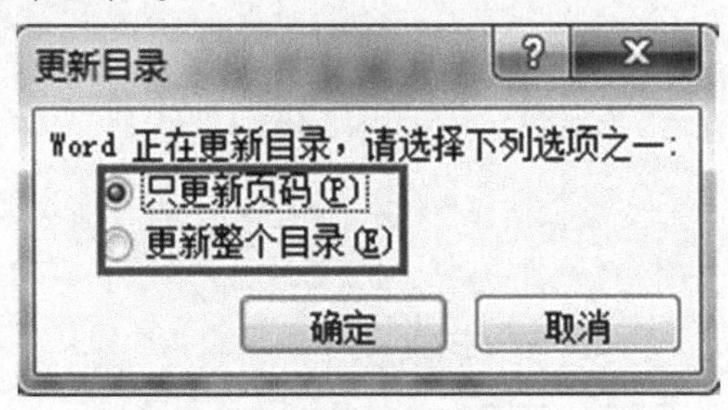

图 1-72　“更新目录”对话框

✍提示：生成目录功能必须在使用了标题样式的前提下才能实现。

1.4.8　文字朗读功能

Word 2021 具有编辑内容的文字朗读功能。

单击“审阅”选项卡下的“语音”选项组中的“大声朗读”按钮，编辑的内容就可以自动朗读出来了。

✍提示：该功能非常适合在检查文档编辑时通过语音输出以便了解语法错误。

我们也可以将设置好的文档利用“沉浸式”阅读模式，来进行大声朗读。

1．单击“视图”选项卡下“沉浸式”选项组中的“沉浸式阅读器”。

2．在打开的“沉浸式阅读器”选项卡中单击“大声朗读”按钮即可，如图 1-73 所示。

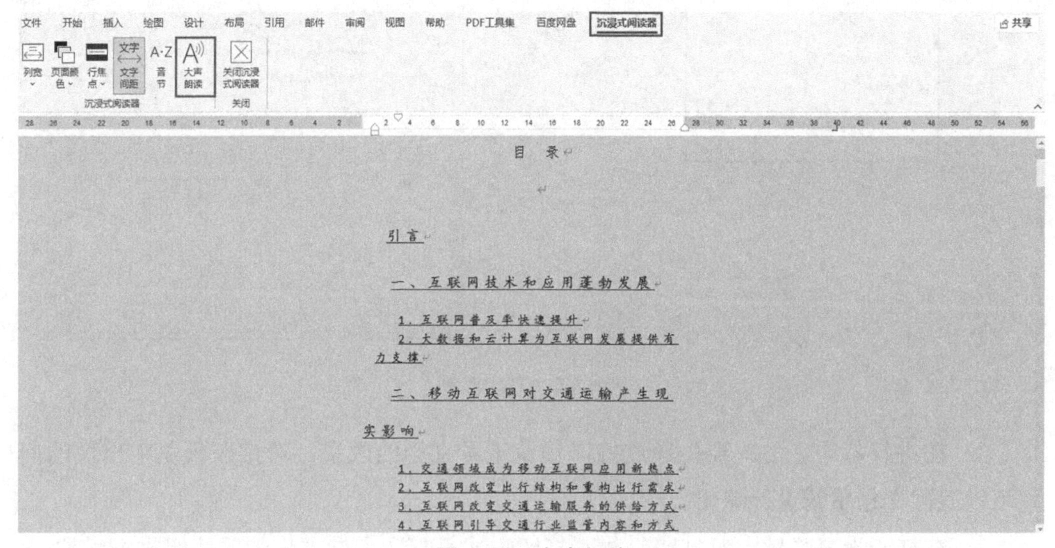

图 1-73　大声朗读

1.4.9　论文查重

Word 2021 可以实现论文查重，查重结果中会标识出重复内容以帮助修改，可用于学生毕业论文、学术研究、职称论文等文档的查重。

1．单击“引用”选项卡下“论文”选项组中的“论文查重”按钮，进入论文查重页面。

2．登录账号后，选择“普通论文检测”或“职称论文检测”，再根据需要，选择不同的“查重引擎”进行论文查重。

1.4.10 打印

1. 单击“文件”选项卡，选择“打印”选项，进入打印页面，如图 1-74 所示。

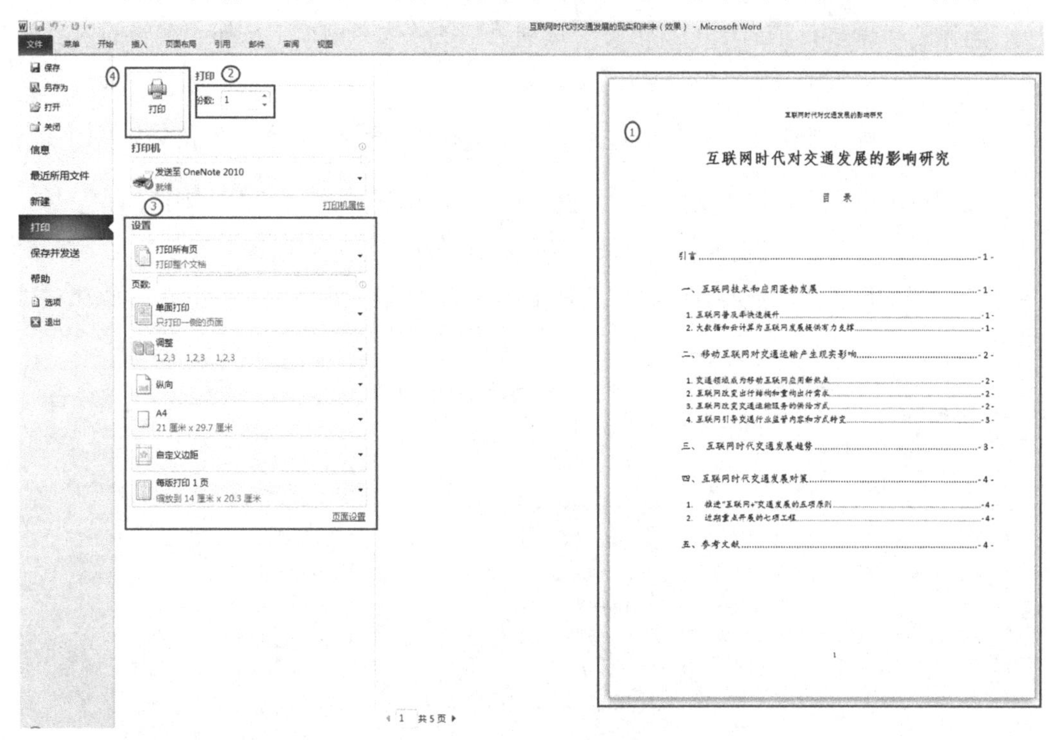

图 1-74 打印页面

2. 在进行打印之前，要先通过打印预览查看文档的效果，对打印预览中出现的问题可以返回文档重新进行编辑。

3. 在打印设置区域中对打印份数、打印方式、打印方向、出纸顺序等进行设置。

4. 单击“打印”按钮。

任务 1.5 制作个人简历

任务描述

利用 Word 2021 制作个人简历，效果如图 1-75 所示。

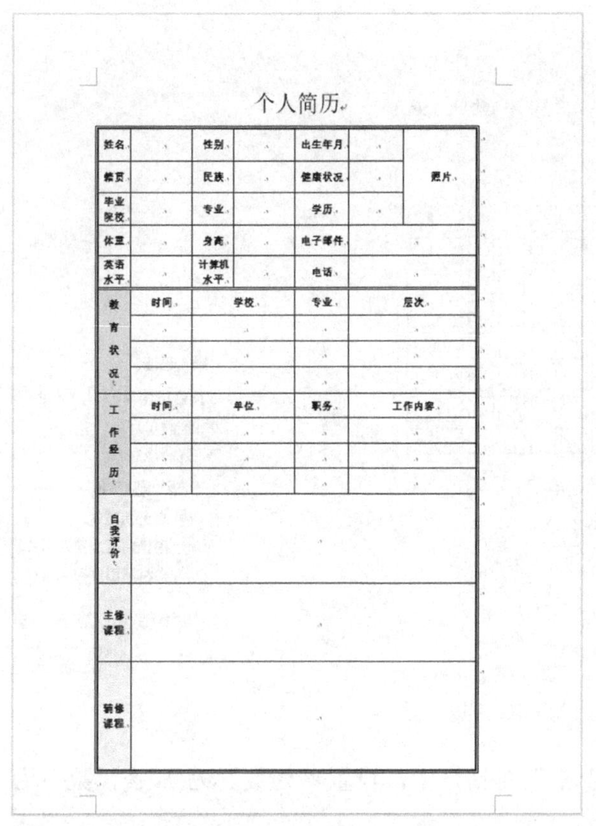

个人简历

姓名		性别		出生年月		照片
籍贯		民族		健康状况		
毕业院校		专业		学历		
体重		身高		电子邮件		
英语水平		计算机水平		电话		
教育状况	时间	学校		专业	层次	
工作经历	时间	单位		职务	工作内容	
自我评价						
主修课程						
辅修课程						

图 1-75　个人简历效果

任务分析

通过制作个人简历要求掌握 Word 2021 文档中表格的创建和修改、数据的输入和编辑、表格的排序与计算、表格的修饰及多人协作编辑表格的方法。

任务实施

1.5.1　创建表格

1．启动 Word 2021，单击“文件”选项卡中的“新建”选项，在打开的“可用模板”设置区域中选择“空白文档”选项。单击“创建”按钮，创建空白的 Word 文档，以“个人简历.docx”为名保存文件。

2．在首行输入标题“个人简历”，并设置为宋体、二号字、居中。

3．将光标切换到下一行，在“插入”选项卡下“表格”选项组中，单击“表格”下拉按钮，在弹出的下拉列表（见图 1-76）中，选择“插入表格”命令，打开“插入表格”对话框，如图 1-77 所示。

图 1-76 “表格”列表

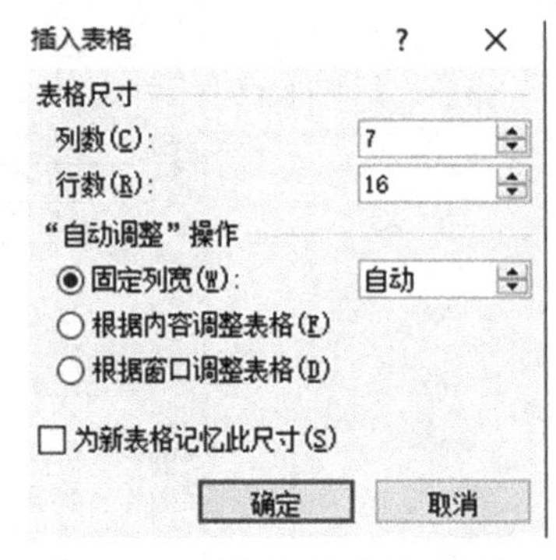

图 1-77 “插入表格”对话框

4．在“插入表格”对话框中，设置“列数”为 7，“行数”为 16，单击“确定”按钮完成表格的插入。

❀知识拓展

✧创建表格有两种方法：

（1）利用“插入表格”按钮创建。

（2）用绘表工具创建。

除此之外，还可基于内置表格样式，快速创建表格。

✍提示：表格绘制完成后，在功能区中出现“表格工具”面板，如图 1-78 所示。其中“设计”和“布局”两个选项卡提供了制作、编辑和格式化表格中的常用按钮。

图 1-78 “表格工具”面板

1.5.2　合并单元格

1．将鼠标指针移到第 1 行第 7 列单元格内部，按住鼠标左键继续向下拖动，直到第 3 行第 7 列，被选中的 3 个单元格呈反显状态。

2．在出现的“表格工具”面板中，单击“布局”选项卡“合并”选项组中的“合并单元格”按钮。当然也可击单击鼠标右键，选择“合并单元格”命令如图 1-79 所示。

3．用同样的方法，将其他需要合并的单元格进行合并操作，效果如图 1-80 所示。

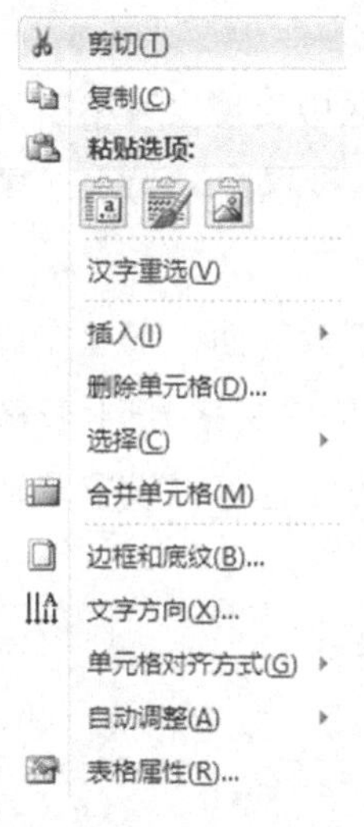

图 1-79　合并单元格

个人简历

图 1-80　合并单元格效果

✻知识拓展

常见的表格操作有：表格的选定；调整行高和列宽；单元格、行和列的插入与删除；表格、单元格的拆分和合并；编辑表格内容等。

（1）选定：对表格操作前要先选定表格中的行、列或者单元格。单元格是表格中行和列交叉所形成的框。操作方法为，选定表格所需设置项，在“表格工具”面板下的“布局”选项卡中进行设置，效果如图 1-81 所示。

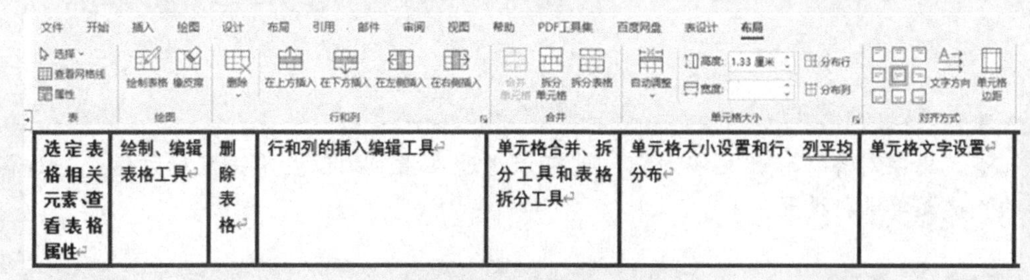

选定表格相关元素查看表格属性	绘制、编辑表格工具	删除表格	行和列的插入编辑工具	单元格合并、拆分工具和表格拆分工具	单元格大小设置和行、列平均分布	单元格文字设置

图 1-81　合并效果示意图

（2）删除：选择表格后，按【Backspace】键可以删除整个表格，按【Delete】键可以删除表格内容（格式保留）。

（3）插入：选择 *m* 行或 *m* 列后再执行插入操作。

（4）在表尾快速增加行，移动鼠标指针到表尾的最后一个单元格中，按【Tab】键，或移动鼠标指针到表尾最后一个单元格外，按【Enter】键，均可增加新的表行。

1.5.3 输入表格内容并设置字体

1．将光标定位到要输入文字的单元格内，输入相应的文字即可。按照样文（见图1-75）完成表格内容的输入操作。

2．将表格内的文字设置为宋体，五号，加粗。

3．单击表格左上角的⊞图标选中整个表格，在功能区中出现“表格工具”面板，在其下的“布局”选项卡中，利用“对齐方式”选项组，设置内容为水平居中对齐，如图1-82所示。

4．选中“教育状况”单元格，在表格单元格“表格工具”面板下“布局”选项卡中的“对齐方式”选项组中，选择“文字方向”，在打开的“文字方向-表格单元格”对话框中选择想要的文字方向，如图1-83所示。利用该方法也可以设置其他单元格对齐方式和文字方向。

图1-82　文字对齐方式

图1-83　“文字方向-表格单元格”对话框

❀知识拓展

✧“文字对齐”和“文字方向”也可以通过在指定的位置单击鼠标右键，通过弹出的快捷菜单进行设置。

1.5.4　设置表格的边框和底纹

1．选中这个表格，在功能区中出现“表格工具”面板，在下面的“设计”选项卡中，单击“表格样式”选项组中的“边框和底纹”按钮，在打开的对话框中进行边框设置如图 1-84 所示。

图 1-84　“边框和底纹”对话框

2．在“设置”栏中选择“方框”选项，在“样式”中选择线条，在“宽度”下拉列表中选择“2.25 磅”，在“应用于”下拉列表框中选择“表格”选项。

3．选中“英语水平”所在行，利用“边框和底纹”对话框，将下框线的“样式”设置为“双线”。

4．选中“教育状况”单元格，利用“边框和底纹”对话框，切换到“底纹”选项卡，在“填充”栏中选择单元格底纹的颜色为“白色，背景 1，深色 15%”，用同样方法对“工作经历”单元格进行填充。

5．选中“自我评价”单元格，利用“边框和底纹”对话框，切换到“底纹”选项卡，在“填充”栏中选择单元格底纹的颜色为“白色，背景 1，深色 5%”，用同样方法对“主修课程”“辅修课程”单元格进行填充。

❋知识拓展

边框和底纹的设置方法有三种：

（1）在“开始”选项卡下的“段落”选项组中，单击“边框和底纹”按钮。

（2）选择表格，单击鼠标右键，选择“边框和底纹”命令。

（3）选中这个表格，在功能区中出现“表格工具”面板，在下面的“设计”选项卡中，单击“表格样式”选项组中的“边框和底纹”按钮。

1.5.5 调整单元格的高度

1．选中前 13 行，在功能区中出现“表格工具”面板，在下面的“布局”选项卡中，利用“单元格大小”选项组（如图 1-85 所示）设置表格行高为 1.09 厘米。

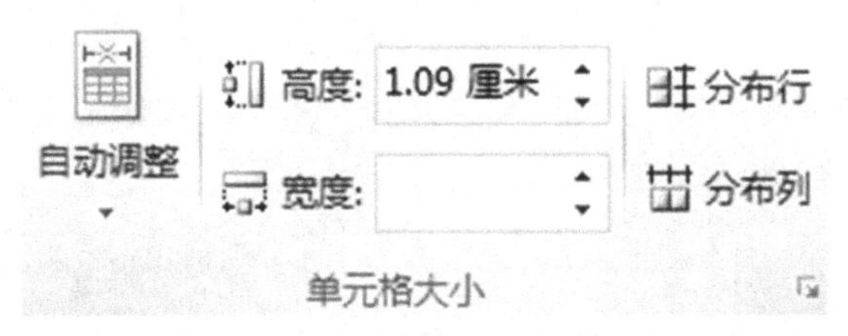

图 1-85 “单元格大小”选项组

2．选中后 3 行，在功能区中出现“表格工具”面板，在下面的“布局”选项卡中，利用“单元格大小”选项组，设置表格行高为 3.82 厘米。

3．最后保存文件，个人简历制作完毕。

❋知识拓展

调整单元格高度和宽度的方法有以下 3种：

（1）利用“自动调整”下拉菜单中的“根据内容自动调整表格”“根据窗口自动调整表格”或“固定列宽”命令进行调整，如图 1-86 所示。

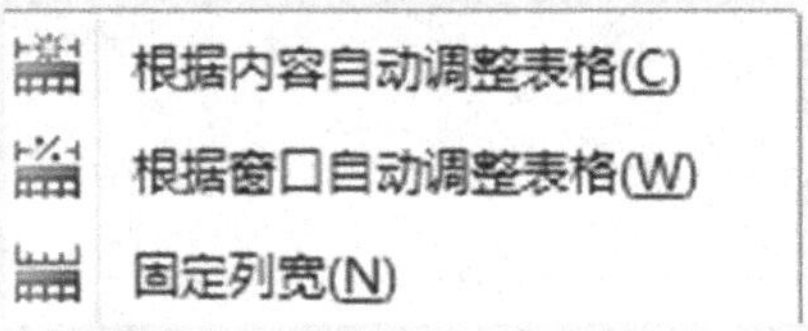

根据内容自动调整表格(C)
根据窗口自动调整表格(W)
固定列宽(N)

图 1-86 “自动调整”下拉菜单

（2）自由设置“高度”和“宽度”数值。

（3）利用“分布行”“分布列”设置均等的行或列。

1.5.6 关于表格的其他设置

1．排序

在如图 1-87 所示的采购单表格中，可以按照升序或降序对表格的内容进行排序。为使排序有意义，表格一般应为比较规范的表格。

对采购单以“单价”高低进行“升序”排列：

（1）将插入点定位到“单价”列。

（2）在“表设计”面板中，单击“布局”选项卡下“数据”选项组中的“排序”按钮，弹出“排序”对话框。

联芯公司办公电脑用品采购单

设备名	品牌	型号	单价	数量	小计
台式电脑	APPLE	iMac Pro	39150	8	
台式电脑	APPLE	iMac	18130	15	
笔记本电脑	APPLE	MacBookPro	21998	20	
笔记本电脑	APPLE	MacBookAir	11099	35	

图 1-87　采购单表格

（3）在“主要关键字”下拉列表框中选择“单价”选项，选中“升序”单选按钮和“有标题行”单选按钮。

（4）单击“确定”按钮，表格将按“单价”升序排序。

2. 公式运算

在 Word 2021 中，也可以进行表格数据的计算，但是一般不建议用它来做大量的数据运算。

（1）先选中第 2 行第 6 个要进行运算的单元格，在“表设计”面板中，单击“布局”选项卡下“数据”选项组中的“f_x公式”按钮，弹出“公式”对话框，如图 1-88 所示。

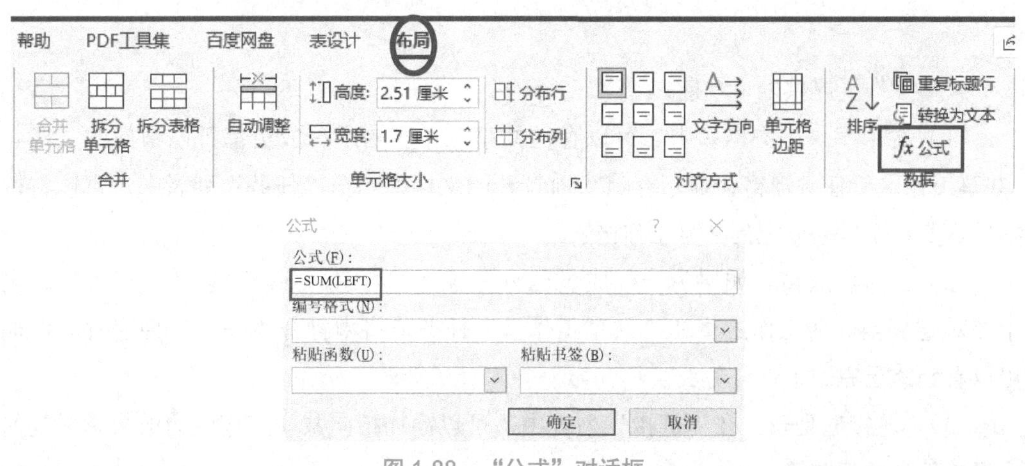

图 1-88　“公式”对话框

（2）在“公式”对话框中，清空公式内默认的函数，从“粘贴函数”中选择函数

"SUM"，在其括号中输入"LEFT"，单击"确定"按钮，计算出该单元格结果。

（3）同理计算出第3、4、5行小计的值。

（4）利用"公式"中的"SUM(ABOVE)"，可以求出上列各项的合计值，其他常用函数如表1-1所示。

表1-1 常用函数

名称	功能
ABS	求绝对值
AVERAGE	求平均值
COUNT	数字单元格的个数
INT	求该数的整数部分
MAX，MIN	分别求最大值、最小值
PRODUCT	求连乘积
ROUND	四舍五入
SUM	求和

1.5.7 多人协同编辑（共享工作区）

在当前的办公环境下，有很多工作不是一个人可以完成的，往往需要与自己的同事进行相互协作。Word 2021提供了非常强大的文档协同办公功能，即共享工作区，这是一个宿主在Web服务器上的区域，在那里多人可以共享文档和信息，维护相关数据的列表，并使彼此了解给定项目的最新状态信息。

1. 共享工作区

共享工作区提供以下功能：

（1）文档库。在文档库中，可以存储共享工作区的所有成员都可以访问的文档。"共享工作区"任务窗格会显示存储当前打开的文档库。在"任务"列表中，可以将待办项目及截止日期分配到共享工作区。

（2）工作区成员。如果另一位成员已将任务分配给您，则您可以在"任务"列表中核对它。当其他工作成员在"共享工作区"任务窗格中打开"任务"列表时，他们可以看到您已完成了该任务。

（3）"链接"列表。在"链接"列表中，可以添加指向共享工作区的成员感兴趣的资源或信息的超链接。

（4）"成员"列表。"成员"列表显示共享工作区成员的用户名。在"共享工作区”任务窗格中，包含联系人信息（如闲或忙状态、电话号码和电子邮件地址）和其他属性，因此成员之间可以很容易地彼此保持联系。

（5）电子邮件通知。可以使用电子邮件来接收对共享工作区中的列表、特定项目（如任务状态）或文档更改的通知。

2. Word 文件设置成共享的方法

（1）启动 Word 2021，单击“文件”选项卡，选择“账户”选项，用自己的微软账户登录，如图 1-89 所示；单击“文件”选项卡，选择“共享”，打开如图 1-90 所示界面，将文档上传后，对链接进行设置如图 1-91 所示，选择发送链接或者以电子邮件方式进行共享编辑如图 1-92 所示。

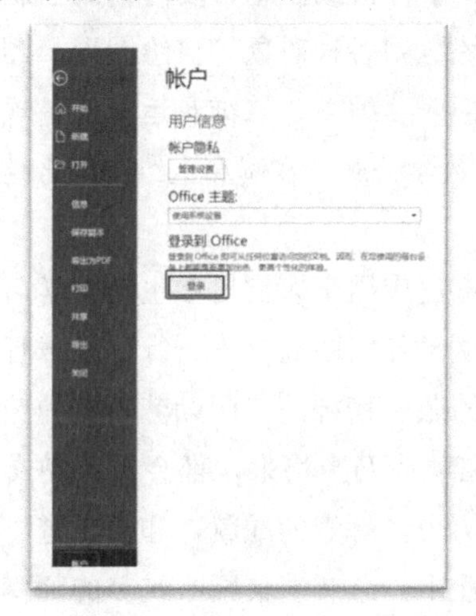

图 1-89　登录账户

图 1-90　分享上传文档

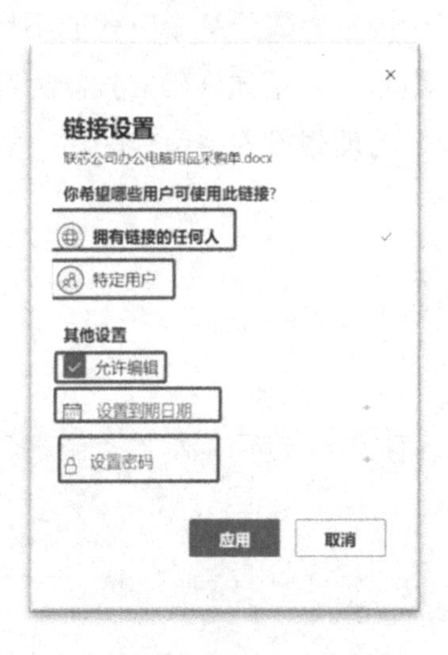

图 1-91　链接设置

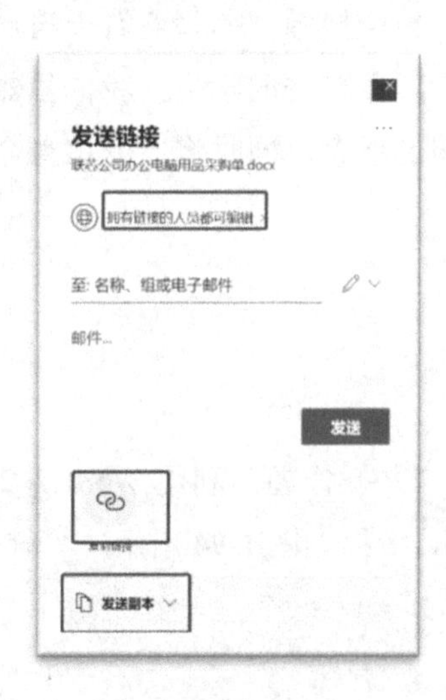

图 1-92　发送链接

（2）也可以在 Word 2021 右上角单击“共享”按钮，如图 1-93 所示，将文档上传后，对链接进行设置，再选择发送链接或者以电子邮件方式进行共享编辑。

图 1-93　“共享”工作按钮

本章小结与课程思政

本章介绍了 Word 2021 中的文字编辑操作、字符格式控制、段落格式控制、页面设置、项目符号、分页和分节等知识，要求熟练运用各种对象（自绘图形、图片、艺术字、文本框等）进行图文混排，实现表格的插入、编辑、修饰及运算等各项功能。除了文中介绍的功能外，Word 2021 还具有编写数学公式、在画布上绘制图形这些更加专业的功能。

文档处理是信息化办公的重要组成部分，广泛应用于人们日常生活、学习和工作的方方面面。从文档编辑人员到航天员，不管从事任何职业，干一行、爱一行、专一行、精一行，务实肯干、坚持不懈、精雕细琢的敬业精神是我国勤劳勇敢的劳动人民的“工匠精神”。工匠精神不仅在过去，而且在现在乃至将来，都会在人类文明发展的历史长河中发挥重要作用。中国拥有璀璨的历史，辉煌的成就，和勇于登攀、敢于超越的进取意识。在平凡的岗位上，在各个行业中，总有一群匠心筑梦的师傅们，他们利用手中精湛的技术，书写着对国家的忠诚，对职业的忠诚，对自己人格的忠诚，利用技能报国，书写着属于自己、属于人民、属于国家、属于这个时代的不朽篇章。作为职业院校的学生，我们虽然没有名校光环，但是不卑不亢，确立技能力身、技能报国的理念，同时将改变自身命运、追求美好未来的理想投入中国梦的伟大实践中。

思考与训练

1．操作题：利用 Word 2021 业务模板三折小册子（蓝色），制作“荣耀科技三折页”，效果如图 1-94 所示。

图 1-94　荣耀科技三折面

2．操作题：输入图中的文字，要求编辑排版出如图 1-95 所示效果。

图 1-95　题 2 图

（1）文字素材

李克强在公开场合发出“大众创业、万众创新”的号召。最早在 2014 年 9 月的夏季达沃斯论坛上，当时他提出，要在 960 万平方公里土地上掀起“大众创业”“草根创业”的新浪潮，形成“万众创新”“人人创新”的新态势。此后，他在首届世界互联网大会、国务院常务会议和各种场合中频频阐释这一关键词。每到一地考察，他几乎都要与当地年轻的“创客”会面。他希望激发民族的创业精神和创新基因。

2015 年李克强总理在政府工作报告中又提出：“大众创业，万众创新”。政府工作报告中如此表述：推动大众创业、万众创新，“既可以扩大就业、增加居民收入，又有利于促进社会纵向流动和公平正义”。在论及创业创新文化时，他强调“让人们在创造财富的过程中，更好地实现精神追求和自身价值”。

（2）要求

① 标题使用艺术字；正文使用仿宋字体，小四字号；行间距为固定值 20 磅，首行缩进 2 字符。

② 页眉设定“文章的标题”，使用黑体字小四号，左对齐；页脚设置“班级、考号、姓名”，使用宋体五号字。

③ 在第一段落中将“大众创新、万众创业”设置文本效果“强调文字颜色 2，双轮廓”，给指定文字添加下画线双线；将第二段做有分栏线的分栏，为第二段文字添加底纹。

④ 设置纸张为 B5；上下左右边距均为 3cm。

⑤ 将背景设置为蓝色面巾纸，且需要添加艺术型边框。

⑥ 按要求插入 SmartArt。

3．操作题：输入图片上的文字，制作表格，要求编辑排版出如图 1-96 所示效果。

考号：××××××　　　　姓名：×××

集线器亦称为 Hub，是指在区域网中连接多个计算机或其他设备的一种线路连接设备，也是为实现对网络进行集中管理的一种工作单位。在开放式通信系统互联参考模型 OSI（Open System Interconnection Reference Model）中，集线器处于数据链路层，主要提供信号放大和中转的功能。

集线器采用共享宽带的工作方式，在从一个端口向另一个端口发送数据时，其他端口处于“等待”状态，数据传输效率低，在中、大型的网络中亦不多采用。集线器使得布线方便灵活，易扩展、易维护、可靠性高。

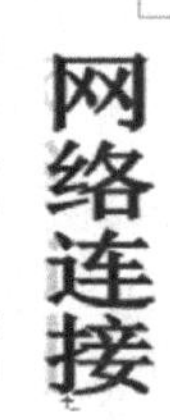

花卉销售表

季度 品种	一季度(元)	二季度(元)	三季度(元)	四季度(元)
月　季	1300	1600	2100	500
满天星	2300	1700	1200	1900
百　合	3500	4700	3200	3300
玫　瑰	5000	4300	3200	2100
合　计				

图 1-96　题 3 图

（1）文字

集线器亦称为 Hub，是指在区域网中连接多个计算机或其他设备的一种线路连接设备，也是为实现对网络进行集中管理的一种工作单位。在开放式通信系统互联参考模型 OSI（Open System Interconnection Reference Model）中，集线器处于数据链路层，主要提供信号放大和中转的功能。

集线器采用共享宽带的工作方式，在从一个端口向另一个端口发送数据时，其他端口处于“等待”状态，数据传输效率低，在中、大型的网络中亦不多采用。集线器使得布线方便灵活，易扩展、易维护、可靠性高。

（2）要求

① 纸张大小选用 16K，上下左右边距均为 2.2 厘米。

② 文章标题“网络连接”采用艺术字，要求竖排，位置、大小、颜色等参考图 1-96。

③ 正文文字字体为宋体、小四号，每段首行缩进两个汉字。文字中的修饰参考图 1-96 进行设置。

④ 正文行距为 22 磅，其中第一段文字的段前空 0.5 行。

⑤ 添加页眉，文字为宋体，小五号。左侧输入学号，右侧输入姓名。

⑥ 表格的标题，文字为宋体，小四号，字符间距为 1.5 磅。

⑦ 表格中的文字字体为宋体，五号。参考图 1-96 设置表格中的底纹，为表格设置斜线表头，其中的文字为宋体，小五号。

⑧ 利用公式计算表格中的“合计”。

⑨ 插入一张剪贴画（图形自选），要求衬于正文文字的下方，适当控制颜色的深浅。

4．操作题：输入图片上的文字，要求编辑排版出图 1-97 所示效果。

Google 首次允许用户修改搜索结果

据报道，Google近日表示，为了让搜索引擎更个性化，Google推出了一个名为“SearchWiki”的搜索服务，可以让用户重新调整搜索结果，当他们下次重新进入该搜索结果页面时，让自己喜欢的搜索条目排名更靠前，不喜欢的条目则可以不再显示。

SearchWiki [illegible]的推出，标志着Google这[illegible]互联网搜索巨人首次允许用户来修改搜索结果的排序。

尽管这次改变并不会影响Google一直对外保密的搜索网站排名算法，不过Google并没有排除最终会集合网民的智慧来矫正其互联网搜索算法的可能性。

Google负责[illegible]的美女副总裁玛丽莎·梅耶尔（Marissa Mayer）表示，Google目前[illegible]是，向[illegible]分子集。用户如果想使用这个[illegible]必须首先[illegible]登录。

另外，用户还可以对不同的搜索结果进行注释，可以保存或与朋友分享这些注释。

图 1-97　题 4 图

（1）文字素材

Google 首次允许用户修改搜索结果

据报道，Google 近日表示，为了让搜索引擎更个性化，Google 推出了一个名为“Searchwiki”的搜索服务，可以让用户重新调整搜索结果，当他们下次重新进入该搜索结果页面时，让自己喜欢的搜索条目排名更靠前，不喜欢的条目则可以不再显示。

Searchwiki 服务的推出，标志着 Google 这个互联网搜索巨头首次允许用户修改搜索结果的排序。

尽管这次改变并不会影响 Google 一直对外保密的搜索网站排名算法，不过 Google 并没有排除最终会集合网民的智慧来修正其互联网搜索算法的可能性。

Google 负责搜索产品的美女副总裁玛丽莎·梅耶尔（Marissa Mayer）表示，Google 目前的目的就是，向特定用户提供搜索结果的部分子集。用户如果想使用这个编辑功能，必须首先通过一个 Google 账号来登录。

另外，用户还可以对不同的搜索结果进行注释，可以保存或与朋友分享这些注释。

（2）图片素材（见图 1-98）

图 1-98　素材

（3）要求

① 页眉内容为“计算机等级考试”和考试时间，页脚内容为本人的学号，小五号，宋体，居中显示。

② 设置标题字体为小二号，仿宋，加粗且居中。

③ 正文采用小四号，宋体；每段的首行有两个汉字的缩进。

④ 第一段首字下沉并加粗，文字分成三栏显示，并显示分隔线。

⑤ 纸张设置为 B5，上下左右边界均为 2 厘米。

⑥ 请将本题所给图片进行复制，按图 1-97 所示格式改变其大小和位置，并衬于文字下方。

⑦ 背景设为填充“纸莎草纸”纹理。

⑧ 利用自选图形中的图形，画出图 1-97 中给出的“红旗”，请注意颜色设置：“波形”是红色的，“五角星”是黄色的。

⑨ 为整个页面加边框。

 第 2 章　电子表格处理

Excel 是 Office 办公软件的组件之一，Excel 的主要功能是处理大量数据，Excel 可以将数据转化成图标和表格，这样在操作数据时就比较直观。

学习目标

- ◆ Excel 电子表格的创建、编辑、保存等基本操作。
- ◆ Excel 公式与函数的使用。
- ◆ 数据分析操作。
- ◆ 图表与数据透视表的使用。
- ◆ 培养会计职业道德。

任务 2.1　认识 Excel 表

任务描述

了解什么是 Excel 工作表，它有哪些功能，可以做什么，如何新建一个 Excel 表等。

任务分析

本任务主要学习一些 Excel 的操作，例如，新建 Excel 工作簿、认识工作区界面等。

任务实施

2.1.1　新建 Excel 工作簿

新建 Excel 工作簿的步骤如下：

（1）在桌面上单击鼠标右键，选择“新建”命令，如图 2-1 所示。

（2）选择“新建”命令后，会出现如图 2-2 所示的弹框，选择“Microsoft Excel 工作表”命令可以新建 Excel 工作簿，新建工作簿图标如图 2-3 所示。

（3）重命名 Excel 工作簿。选中要重命名的 Excel 工作簿，鼠标右键单击，选择“重命名”命令，输入“第一个工作簿”，重命名后的 Excel 表图标如图 2-4 所示。

图 2-1　“新建”命令

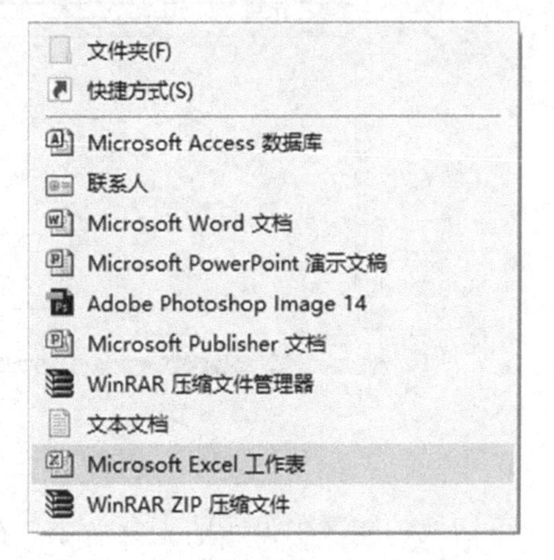

图 2-2　“Microsoft Excel 工作表”命令

图 2-3　新建 工作簿图标

图 2-4　重命名

2.1.2　Excel 2021 工作界面

鼠标左键双击“第一个工作簿.xlsx”工作簿，打开后的工作界面如图 2-5 所示，包括快速访问工具栏、功能区、编辑栏、工作表编辑区、工作表标签等。下面就某些栏目进行介绍。

1. 快速访问工具栏

该工具栏位于工作界面的左上角，包含一组用户使用频率较高的工具，如保存、撤销和恢复。用户可单击快速访问工具栏右侧的倒三角按钮，在展开的列表中选择要在其中显示或隐藏的工具按钮。

2. 功能选项卡

功能选项卡（有时简称选项卡）位于标题栏的下方，是一个由 7 个选项卡组成的区域。Excel 2021 将用于处理数据的所有命令组织在不同的选项卡中。单击不同的选项

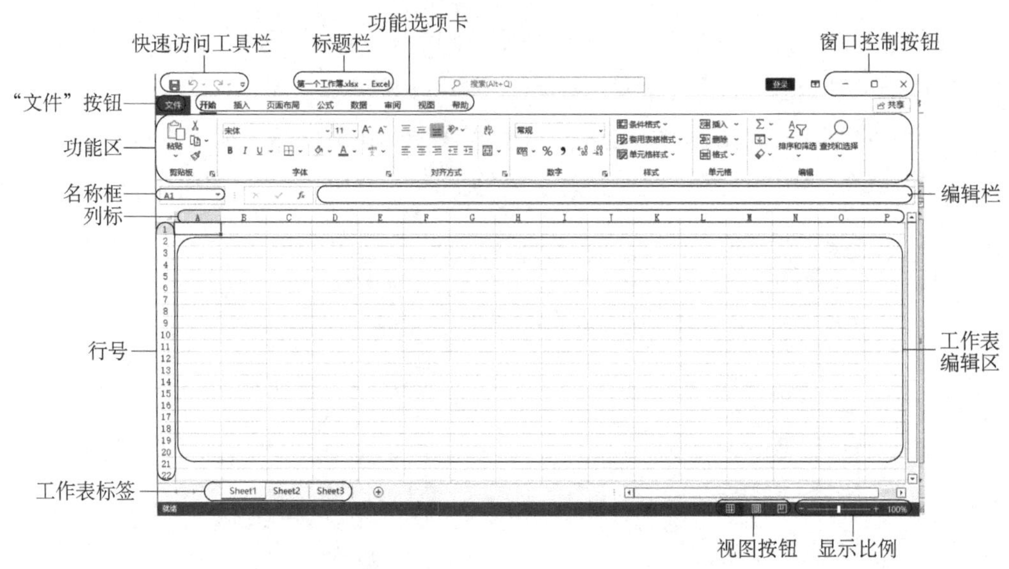

图 2-5　Excel 2021 工作界面

卡，可切换功能区中显示的工具命令。在每一个选项卡中，命令又被分类放置在不同的组中。组的右下角通常都会有一个对话框启动器按钮，用于打开与该组命令相关的对话框，以便用户对要进行的操作做更进一步的设置。

3. 编辑栏

编辑栏主要用于输入和修改活动单元格中的数据。当在工作表的某个单元格中输入数据时，编辑栏会同步显示输入的内容。

4. 工作表编辑区

工作表编辑区用于显示或编辑工作表中的数据。

5. 工作表标签

工作表标签位于工作簿窗口的左下角，默认名称为 Sheet1、Sheet2、Sheet3 等，单击不同的工作表标签可切换工作表。

2.1.3　编辑工作表

在认知 Excel 工作界面后，开始对“第一个工作簿.xlsx”工作簿中的“Sheet1”工作表进行如下操作。

1. 重命名工作表

鼠标左键双击“Sheet1”，输入“公司员工信息表”。

2. 数据录入

在该工作表的“工作表编辑区”进行数据的录入，分三部分进行输入。

（1）表标题

在 A1 单元格中输入“***公司员工信息表”作为表标题。

（2）表头

在 A2:H2 单元格区域输入表头，如员工姓名、工号、性别、出生日期等。

（3）员工信息

选中 D3:D24 单元格，单击“开始”选项卡“数字”组中箭头指向的图标处（即对话框启动器按钮），如图 2-6 所示。在弹出的“设置单元格格式”对话框中，切换至“数字”选项卡，参照图 2-7 进行设置，完成日期类格式设置。

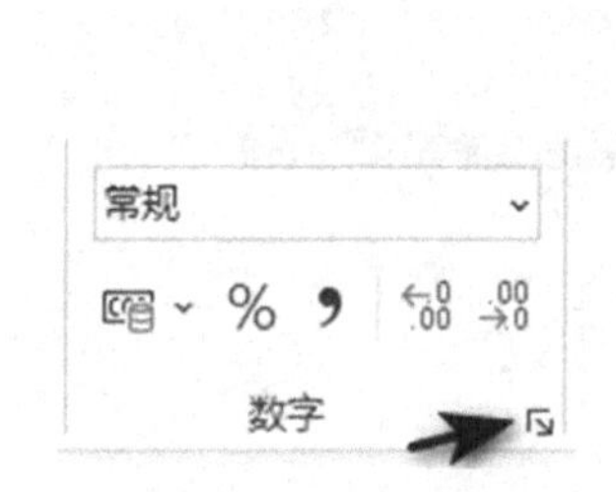

图 2-6　“数字”组

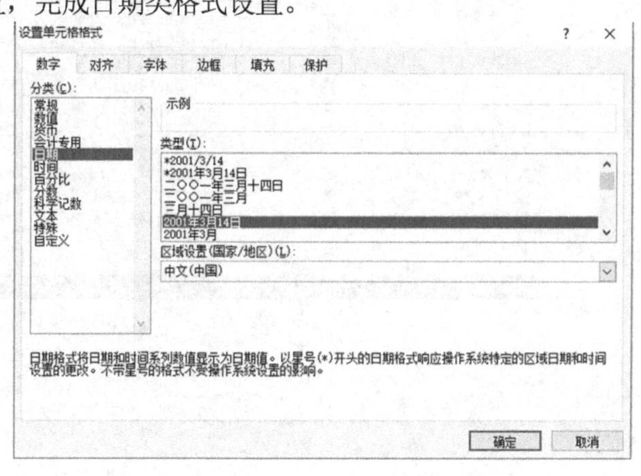

图 2-7　设置日期格式

选中 H3:H24 单元格，单击“开始”选项卡“数字”组中的对话框启动器按钮。在弹出的“设置单元格格式”对话框中，切换至“数字”选项卡，参照图 2-8 进行设置，完成数值类格式设置。

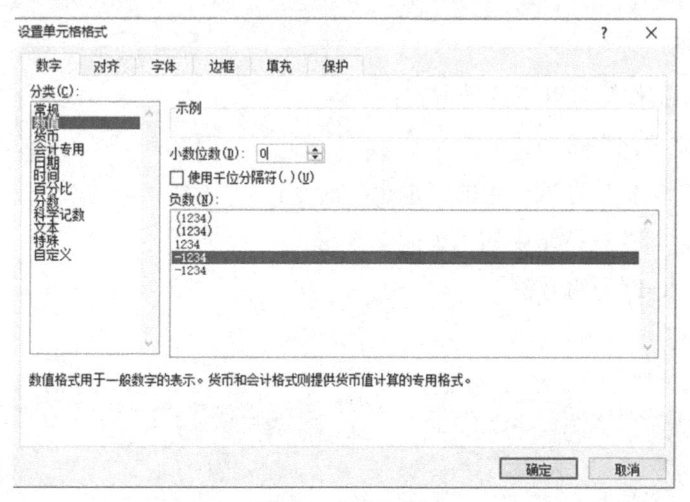

图 2-8　设置数值

在 A3:H24 单元格区域中输入该公司员工的信息，如图 2-9 所示。

员工姓名	工号	性别	出生日期	学历	部门	职务	年龄
李四	A003	男	1987年1月7日	研究生	总务处	职员	35
李延伟	A008	男	1988年1月8日	大专	总务处	职员	34
杨盛楠	A013	女	1988年1月8日	本科	总务处	职员	34
李士净	A007	男	1987年1月7日	本科	研发处	职员	35
郭晓亮	A004	男	1988年1月8日	本科	研发处	职员	34
郭晓亮	A004	女	1988年1月8日	本科	研发处	职员	34
翟灵光	A014	男	1989年1月9日	大专	研发处	职员	33
刘文超	A009	女	1997年1月9日	研究生	研发处	职员	25
贺照璐	A005	女	1978年1月9日	大专	销售部	职员	44
马丽娜	A010	男	1978年1月10日	本科	销售部	职员	44
张庆华	A015	女	1978年1月10日	研究生	销售部	职员	44
李恒前	A006	女	1978年1月15日	研究生	销售部	职员	44
李延伟	A008	女	1988年1月8日	大专	销售部	职员	34
安俞帆	A001	女	1978年1月5日	本科	人事处	职员	44
贺照璐	A005	男	1978年1月10日	大专	人事处	职员	44
李恒前	A006	男	1978年1月10日	研究生	人事处	经理	44
孟宪鑫	A011	女	1978年1月15日	大专	人事处	经理	44
陈方敏	A002	女	1978年1月21日	大专	财务处	副经理	44
李士净	A007	女	1987年1月7日	本科	财务处	副经理	35
石峻	A012	男	1987年1月7日	研究生	财务处	副经理	35
安俞帆	A001	男	1992年1月20日	本科	财务处	经理	30
陈方敏	A002	男	1995年1月6日	大专	财务处	职员	27

图 2-9　数据录入的结果

2.1.4　保存 Excel 工作簿

完成数据的录入之后，需要保存数据，保存数据有两种方法：

（1）按【Ctrl+S】快捷键保存。

（2）单击快速访问工具栏中的“保存”按钮进行保存。

2.1.5　关闭 Excel 工作簿

关闭 Excel 工作簿有以下几种方式：

（1）单击“关闭”按钮。

（2）选择“文件”选项卡中的“退出”命令。

（3）单击窗口控制按钮中的“关闭”按钮。

（4）按【Alt+F4】组合键。

任务 2.2　工作表的排版

任务描述

对任务 2.1 中的公司员工信息表进行排版，效果如图 2-10 所示。

***公司　　　　　　　　　　　　　　　　统计人：安俞帆

***公司员工信息表							
员工姓名	工号	性别	出生日期	学历	部门	职务	年龄
李四	A003	男	1987年1月7日	研究生	总务处	职员	35
李廷伟	A019	男	1988年1月8日	大专	总务处	职员	34
杨盛楠	A013	女	1988年1月8日	本科	总务处	职员	34
李士恒	A007	男	1987年1月7日	本科	研发处	职员	35
郭晓亮	A004	男	1988年1月8日	本科	研发处	职员	34
郭晓筱	A016	女	1987年3月8日	本科	研发处	职员	35
翟灵光	A014	男	1989年1月9日	大专	研发处	职员	33
刘文超	A009	女	1997年1月9日	研究生	研发处	职员	25
贺照璐	A005	女	1978年1月9日	大专	销售部	职员	44
马丽娜	A010	男	1978年1月10日	本科	销售部	职员	44
张庆华	A015	女	1978年1月10日	研究生	销售部	职员	44
李玲玲	A006	女	1978年1月15日	研究生	销售部	职员	44
李廷伟	A008	女	1988年1月8日	大专	销售部	职员	34
安俞帆	A017	女	1978年1月5日	本科	人事处	职员	44
贺照璐	A020	男	1978年1月10日	大专	人事处	职员	44
李恒前	A022	男	1978年1月10日	研究生	人事处	经理	44
盖尧鑫	A011	女	1978年1月15日	大专	人事处	经理	44
陈方敏	A002	女	1978年1月21日	大专	财务处	副经理	44
李士净	A021	女	1987年1月7日	本科	财务处	副经理	35
石峻	A012	男	1987年1月7日	研究生	财务处	副经理	35
安俞腾	A001	男	1992年1月20日	本科	财务处	经理	30
陈方亮	A018	男	1995年1月6日	大专	财务处	职员	27

图 2-10　公司员工信息表

任务分析

本任务涉及的知识包括字体、字号、边框、行高、列宽等格式的设置。

任务实施

2.2.1　设置工作表格式

1. 设置工作表标题

选中 A1:H1 单元格区域，在“开始”选项卡的“字体”组中设置字体为黑体、字号为 18，在“对齐方式”组中单击“合并后居中”按钮，如图 2-11 所示。

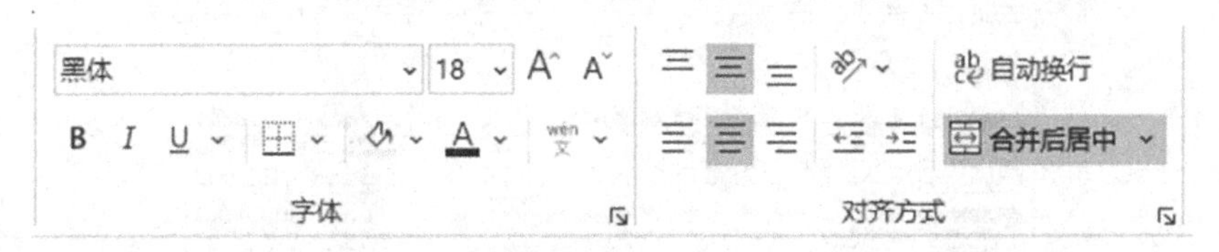

图 2-11　“字体”组与“对齐方式”组

2. 设置工作表表头及数据区域

表头字体设置，选中 A2:H2 单元格区域，在“开始”选项卡的“字体”组中设置字体为楷体、字号为 16 号，如图 2-12(a)所示。

数据区域字体设置，选中 A3:H24 单元格区域，在“开始”选项卡的“字体”组中设置字体为华文楷体、字号为 12 号，如图 2-12(b)所示。

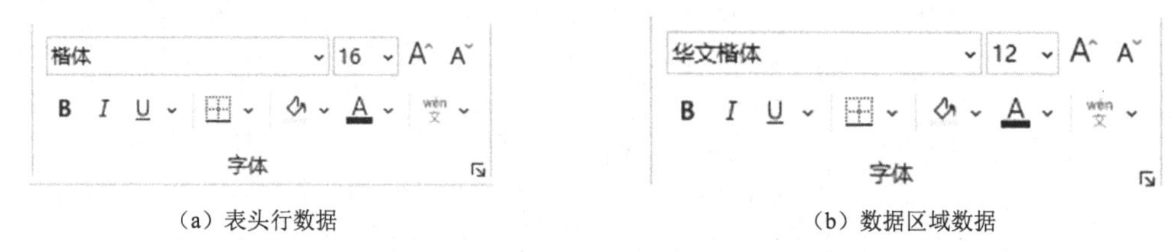

（a）表头行数据　　（b）数据区域数据

图 2-12　字体设置

表头及数据区域对齐方式设置，选中 A2:H24 单元格区域，在“开始”选项卡的“对齐方式”组中单击“居中”按钮，如图 2-13 所示。

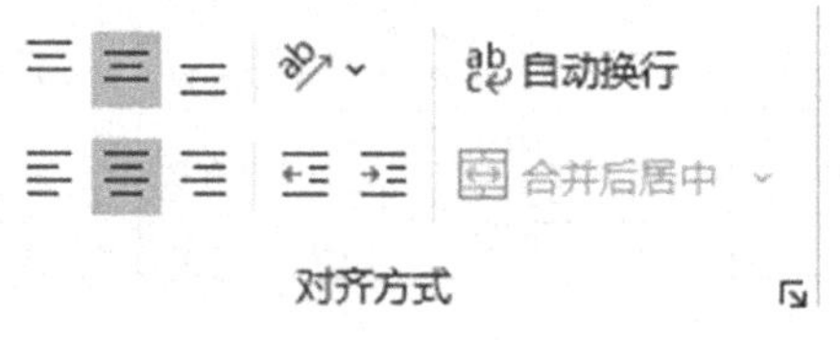

图 2-13　对齐方式设置

3. 工作表套用表格格式

选中 A2:H24 单元格区域，在“开始”选项卡的“样式”组中单击“套用表格格式”按钮，然后在下拉列表中选择“白色，表样式中等深浅 4”，如图 2-14 所示。

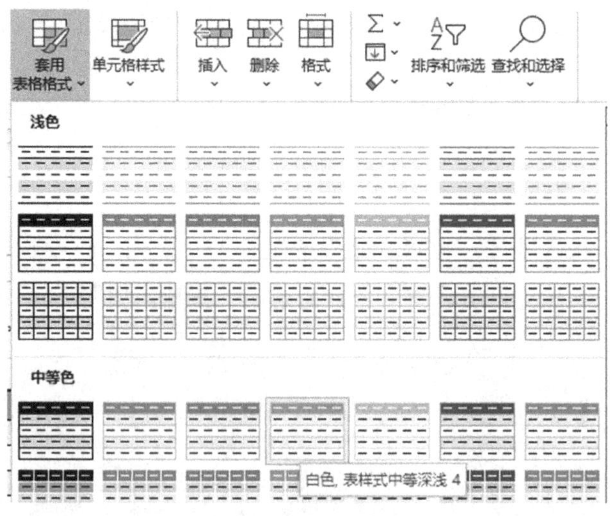

图 2-14　套用表格格式

2.2.2　设置行高和列宽

选中 A2:H24 单元格区域，在“开始”选项卡的“单元格”组中单击“格式”按钮，在弹出的下拉列表中选择“自动调整行高”“自动调整列宽”命令，如图 2-15 所示。

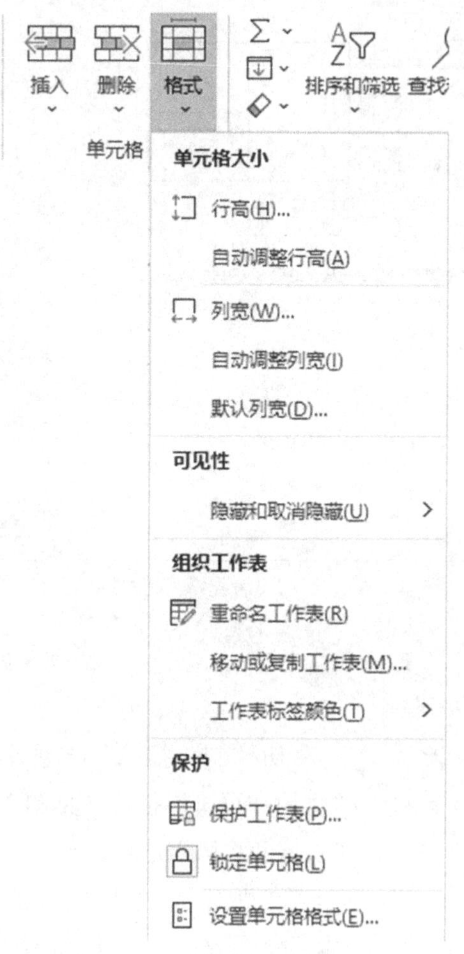

图 2-15　“格式”下拉列表

2.2.3　工作表数据区域加边框

选中需要加边框的 A2:H24 单元格区域并单击鼠标右键，选择“设置单元格格式”命令。在打开“设置单元格格式”对话框后，切换到“边框”选项卡，如图 2-16 所示。先选中图 2-16 中较粗的直线线条，再单击“外边框”图标，然后选中图中较细的直线线条，最后单击“内部”图标，即可完成外粗内细的边框设置。

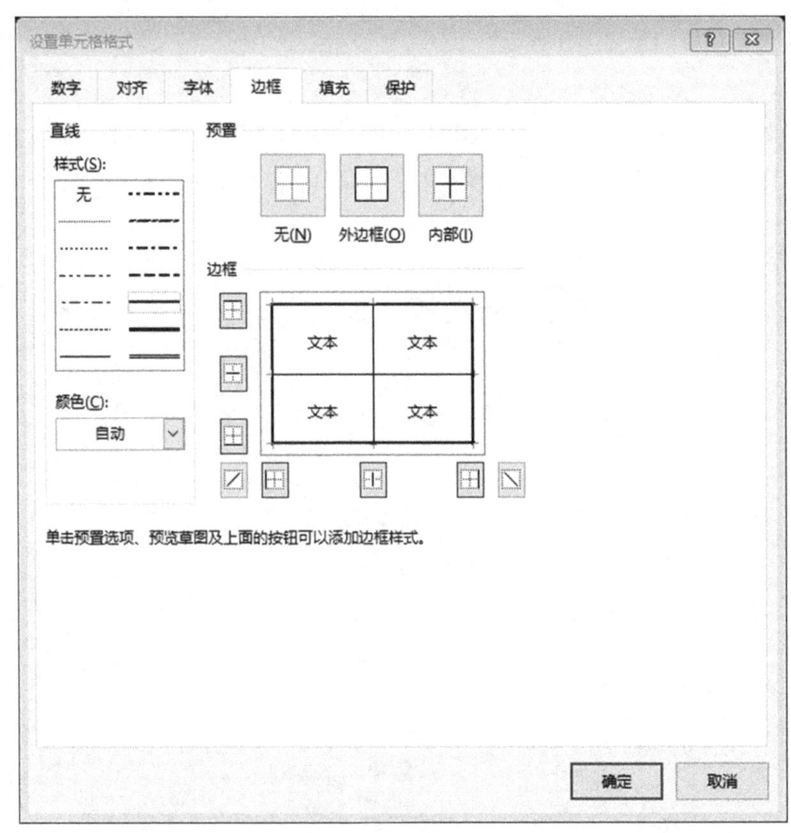

图 2-16　设置单元格格式

2.2.4　插入页眉和页脚

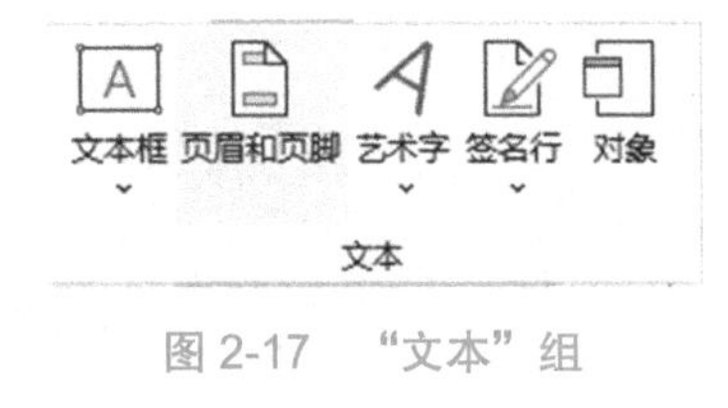

图 2-17　“文本”组

切换到“插入”选项卡，在“文本”组中单击“页眉和页脚”按钮（见图 2-17），功能区中将会出现“页眉和页脚”选项卡。

在页面布局视图中，在页眉左侧输入框中输入文本“***公司”，在页眉右侧输入框中输入文本“统计人：安俞帆”，如图 2-18 所示。

图 2-18　页眉设置

在“页眉和页脚”选项卡中单击“页脚”按钮，在弹出的下拉列表中选择“第 1 页，共？页”，如图 2-19 所示。

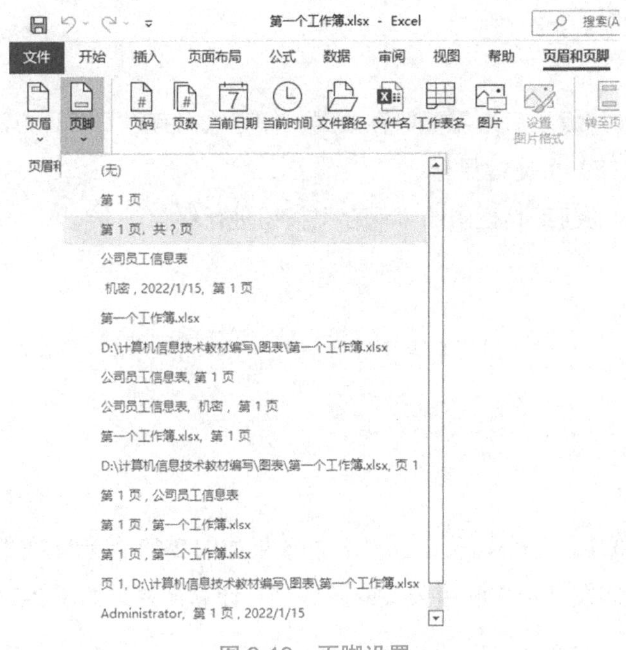

图 2-19　页脚设置

2.2.5　页面设置

在“页面布局”选项卡中单击图 2-20 中箭头指向的图标（即对话框启动器按钮），在弹出的“页面设置”对话框中切换到“页边距”选项卡，然后设置相关参数，如图 2-21 所示。

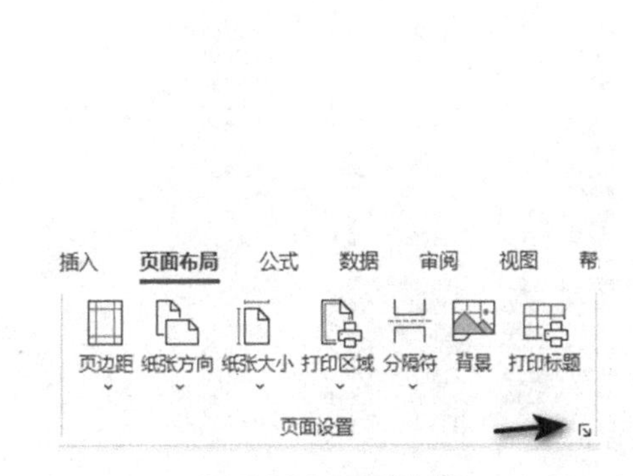

图 2-20　页面设置

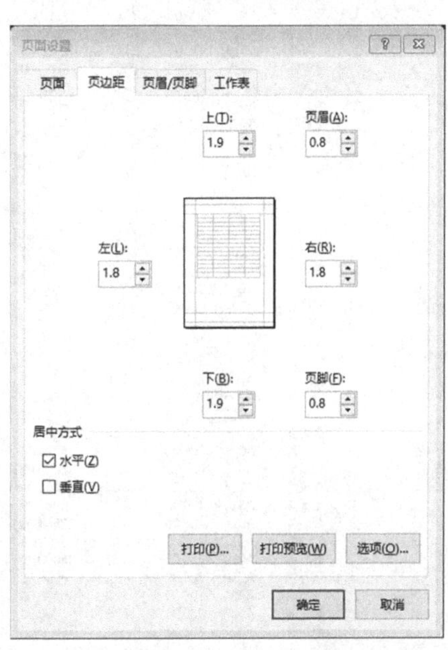

图 2-21　页边距设置

2.2.6 保存工作表

完成工作表的排版之后，需要保存数据，保存数据有以下两种方法：

（1）按【Ctrl+S】快捷键保存。

（2）单击快速访问工具栏中的“保存”按钮进行保存。

任务 2.3 公式与函数的使用

任务描述

使用 Excel 2021 制作公司员工工资表，效果如图 2-22 所示。在数据录入完成后对“应发工资”和“实发工资”利用公式或函数进行计算，效果如图 2-23 所示。

	A	B	C	D	E	F	G	H	I	J	K
1	员工姓名	工号	津贴	奖金	基本工资	工龄工资	应发工资	养老保险	失业保险	住房公积金	实发工资
2	安俞腾	A001	200.00	34.50	6000.00	100.00		320.00	125.00	720.00	
3	陈方敏	A002	200.00	45.00	6000.00	100.00		320.00	125.00	720.00	
4	李四	A003	200.00	-634.50	5678.00	100.00		320.00	125.00	720.00	
5	郭晓亮	A004	400.00	67.00	6000.00	100.00		320.00	125.00	720.00	
6	贺照璐	A005	200.00	34.50	6666.00	100.00		320.00	125.00	720.00	
7	李玲玲	A006	200.00	453.00	6000.00	100.00		320.00	125.00	720.00	
8	李士恒	A007	300.00	34.50	6567.00	100.00		320.00	125.00	720.00	
9	李延伟	A008	200.00	34.00	6000.00	100.00		320.00	125.00	720.00	
10	刘文超	A009	200.00	34.50	5689.00	100.00		320.00	125.00	720.00	
11	马丽娜	A010	500.00	234.50	6000.00	100.00		320.00	125.00	720.00	
12	孟宪鑫	A011	200.00	34.50	6000.00	100.00		320.00	125.00	720.00	
13	石峻	A012	200.00	-734.50	6798.00	100.00		320.00	125.00	720.00	
14	杨盛楠	A013	300.00	34.50	6000.00	100.00		320.00	125.00	720.00	
15	翟灵光	A014	200.00	45.00	6000.00	100.00		320.00	125.00	720.00	
16	张庆华	A015	400.00	34.50	6000.00	100.00		320.00	125.00	720.00	
17	郭晓筱	A016	200.00	34.00	7564.00	100.00		320.00	125.00	720.00	
18	安俞帆	A017	200.00	-134.50	6000.00	100.00		320.00	125.00	720.00	
19	陈方亮	A018	450.00	34.50	6000.00	100.00		320.00	125.00	720.00	
20	李延伟	A019	200.00	100.00	6000.00	100.00		320.00	125.00	720.00	
21	贺照璐	A020	200.00	34.50	6000.00	100.00		320.00	125.00	720.00	
22	李士净	A021	200.00	-235.00	6000.00	100.00		320.00	125.00	720.00	
23	李恒前	A022	200.00		6000.00	100.00		320.00	125.00	720.00	

图 2-22 三月工资表

	A	B	C	D	E	F	G	H	I	J	K
1	员工姓名	工号	津贴	奖金	基本工资	工龄工资	应发工资	养老保险	失业保险	住房公积金	实发工资
2	安俞腾	A001	200.00	34.50	6000.00	100.00	6334.50	320.00	125.00	720.00	5169.50
3	陈方敏	A002	200.00	45.00	6000.00	100.00	6345.00	320.00	125.00	720.00	5180.00
4	李四	A003	200.00	-634.50	5678.00	100.00	5343.50	320.00	125.00	720.00	4178.50
5	郭晓亮	A004	400.00	67.00	6000.00	100.00	6567.00	320.00	125.00	720.00	5402.00
6	贺照璐	A005	200.00	34.50	6666.00	100.00	7000.50	320.00	125.00	720.00	5835.50
7	李玲玲	A006	200.00	453.00	6000.00	100.00	6753.00	320.00	125.00	720.00	5588.00
8	李士恒	A007	300.00	34.50	6567.00	100.00	7001.50	320.00	125.00	720.00	5836.50
9	李延伟	A008	200.00	34.00	6000.00	100.00	6334.00	320.00	125.00	720.00	5169.00
10	刘文超	A009	200.00	34.50	5689.00	100.00	6023.50	320.00	125.00	720.00	4858.50
11	马丽娜	A010	500.00	234.50	6000.00	100.00	6834.50	320.00	125.00	720.00	5669.50
12	孟宪鑫	A011	200.00	34.50	6000.00	100.00	6334.50	320.00	125.00	720.00	5169.50
13	石峻	A012	200.00	-734.50	6798.00	100.00	6363.50	320.00	125.00	720.00	5198.50
14	杨盛楠	A013	300.00	34.50	6000.00	100.00	6434.50	320.00	125.00	720.00	5269.50
15	翟灵光	A014	200.00	45.00	6000.00	100.00	6345.00	320.00	125.00	720.00	5180.00
16	张庆华	A015	400.00	34.50	6000.00	100.00	6534.50	320.00	125.00	720.00	5369.50
17	郭晓筱	A016	200.00	34.00	7564.00	100.00	7898.00	320.00	125.00	720.00	6733.00
18	安俞帆	A017	200.00	-134.50	6000.00	100.00	6165.50	320.00	125.00	720.00	5000.50
19	陈方亮	A018	450.00	34.50	6000.00	100.00	6584.50	320.00	125.00	720.00	5419.50
20	李延伟	A019	200.00	100.00	6000.00	100.00	6400.00	320.00	125.00	720.00	5235.00
21	贺照璐	A020	200.00	34.50	6000.00	100.00	6334.50	320.00	125.00	720.00	5169.50
22	李士净	A021	200.00	-235.00	6000.00	100.00	6065.00	320.00	125.00	720.00	4900.00
23	李恒前	A022	200.00		6000.00	100.00	6300.00	320.00	125.00	720.00	5135.00

图 2-23 应发工资、实发工资计算结果

任务分析

想要完成该任务，首先需要新建一个空白工作表，然后输入数据，利用公式或函数求出“应发工资”“实发工资”“最低工资”“最高工资”“平均工资”。本任务所涉及的重点知识包括插入工作表、不同格式数据的录入、工作窗口的视图控制、公式的使用、函数的使用等。

任务实施

2.3.1　编辑公司员工工资表

1. 插入工作表

单击工作表标签区域的“插入工作表”按钮，直接插入工作表。

2. 重命名工作表

鼠标左键双击新插入的工作表，输入“公司员工工资表”。

3. 数据录入

（1）数据自动填充

首先在 B2 单元格中输入“A001”，然后在“开始”选项卡的“编辑”组单击“填充”按钮，在弹出的下拉列表中选择“序列”，如图 2-24(a)所示；在弹出的“序列”对话框中参照图 2-24(b)进行设置。选中 B2 单元格，向下拖动完成填充。

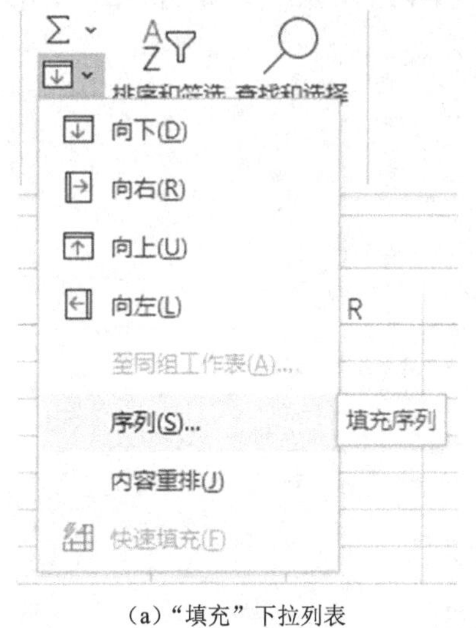

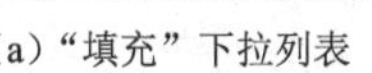
(a)“填充”下拉列表

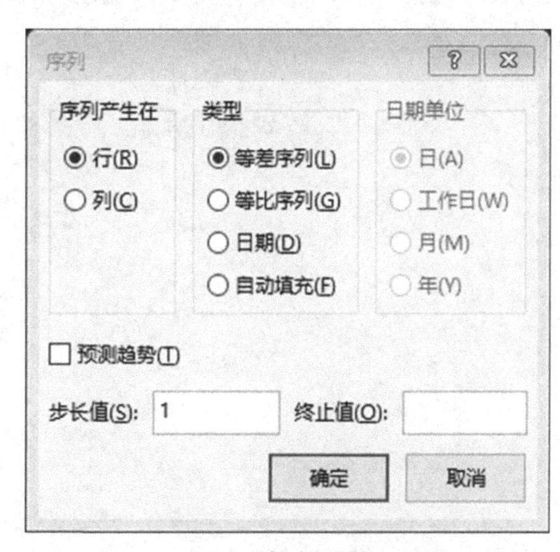

(b)“序列”设置

图 2-24　填充设置

（2）数字的录入

选中 C2:K23 单元格，单击“开始”选项卡“数字”组中的对话框启动器按钮，如图 2-25 所示；在弹出的“设置单元格格式”对话框中，切换至“数字”选项卡，参照图 2-26 进行设置。

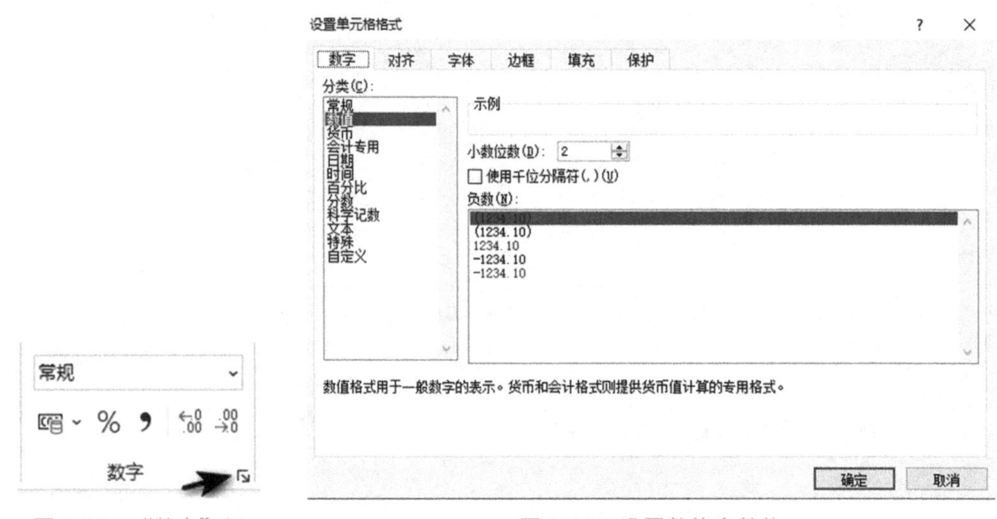

图 2-25 “数字”组　　图 2-26 设置数值小数位

4. 工作窗口的视图控制

选择 C2 单元格，单击“视图”选项卡下“窗口”组中的“冻结窗格”按钮，在下拉列表中选择“冻结窗格”命令，实现冻结首行和前两列单元格，如图 2-27 所示。

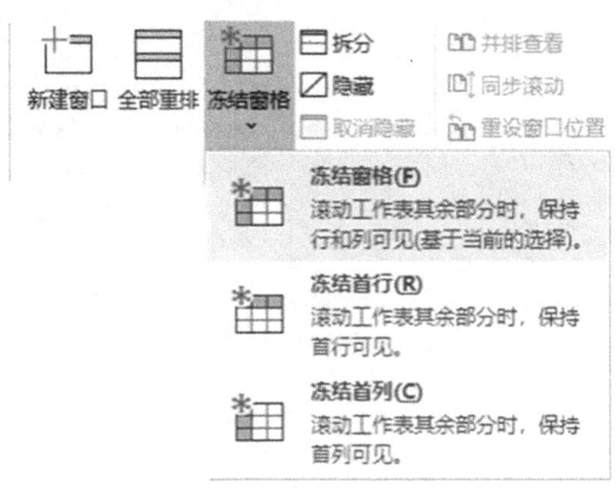

图 2-27 冻结窗格

2.3.2　计算所有员工的应发工资

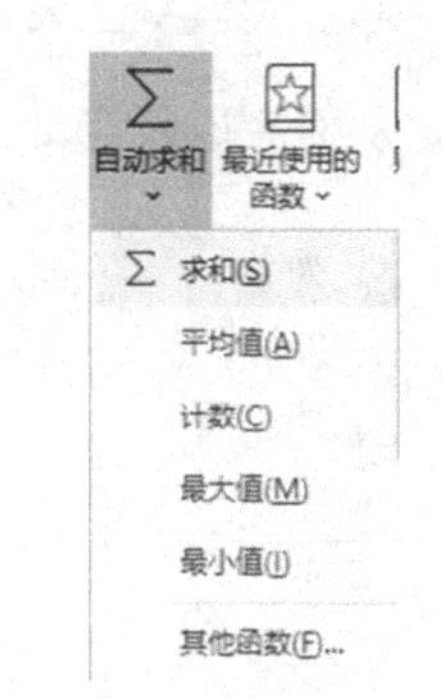

图 2-28　输入求和函数

计算一个员工的应发工资，步骤如下。

（1）单击 G2 单元格。

（2）切换到“公式”选项卡，在“函数库”组中单击“自动求和”下拉按钮，在弹出的下拉列表中选择“求和”命令，如图 2-28 所示。

（3）选择 C2:F2 单元格区域，在编辑栏中出现公式“=SUM　(C2:F2)”，如图 2-29 所示。

（4）按【Enter】键，G2 单元格中显示了用公式计算的结果，完成第一个员工应发工资的计算。

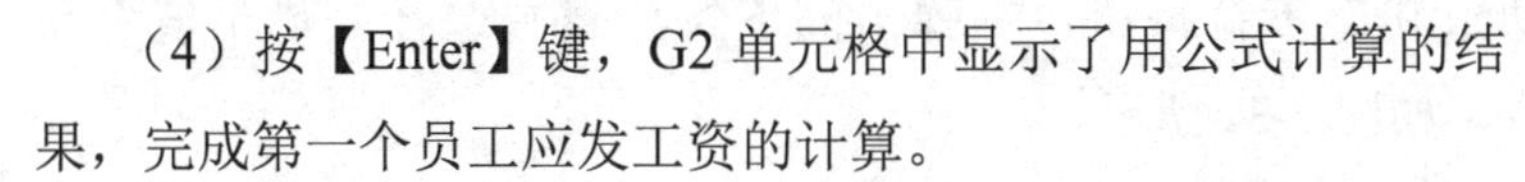

（5）选中 G2 单元格，向下拖动填充柄完成填充，从而完成所有员工应发工资的计算。

SUM　=SUM(C2:F2)

	A	B	C	D	E	F	G	H	I	J	K
1	员工姓名	工号	津贴	奖金	基本工资	工龄工资	应发工资	养老保险	失业保险	住房公积金	实发工资
2	安俞腾	A001	200.00	34.50	6000.00	100.00	=SUM(C2:F2)		125.00	720.00	
3	陈方敏	A002	200.00	45.00	6000.00	100.00	SUM(number1, [number2], ...)			720.00	
4	李四	A003	200.00	-634.50	5678.00	100.00		320.00	125.00	720.00	
5	郭晓亮	A004	400.00	67.00	6000.00	100.00		320.00	125.00	720.00	
6	贺照璐	A005	200.00	34.50	6666.00	100.00		320.00	125.00	720.00	
7	李玲玲	A006	200.00	453.00	6000.00	100.00		320.00	125.00	720.00	

图 2-29　计算第一个员工的应发工资

2.3.3　计算所有员工的实发工资

计算第一个员工的实发工资，步骤如下。

（1）单击 K2 单元格。

（2）在编辑栏中输入“=G2-H2-I2-J2”，如图 2-30 所示。

SUM　=G2-H2-I2-J2

	A	B	C	D	E	F	G	H	I	J	K
1	员工姓名	工号	津贴	奖金	基本工资	工龄工资	应发工资	养老保险	失业保险	住房公积金	实发工资
2	安俞腾	A001	200.00	34.50	6000.00	100.00	6334.50	320.00	125.00	720.00	I2-J2
3	陈方敏	A002	200.00	45.00	6000.00	100.00	6345.00	320.00	125.00	720.00	
4	李四	A003	200.00	-634.50	5678.00	100.00	5343.50	320.00	125.00	720.00	
5	郭晓亮	A004	400.00	67.00	6000.00	100.00	6567.00	320.00	125.00	720.00	
6	贺照璐	A005	200.00	34.50	6666.00	100.00	7000.50	320.00	125.00	720.00	
7	李玲玲	A006	200.00	453.00	6000.00	100.00	6753.00	320.00	125.00	720.00	

图 2-30　计算第一个员工的实发工资

（3）按【Enter】键，K2 单元格中显示了用公式计算的结果。

（4）完成第一个员工实发工资的计算后，选中 K2 单元格，向下拖动填充柄完成填充，从而完成所有员工实发工资的计算。

2.3.4 求员工的最低工资

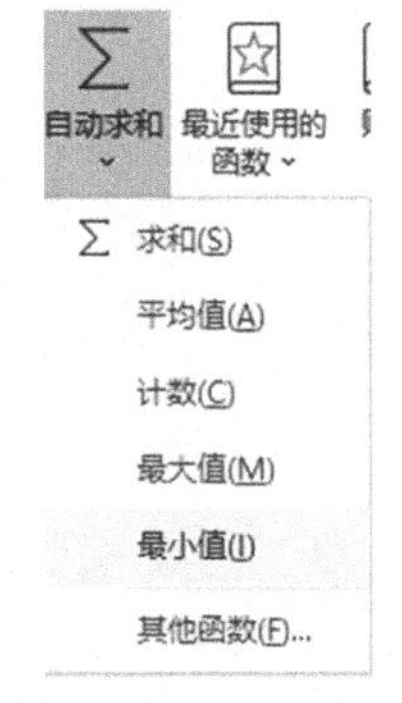

图 2-31 最小值函数

求所有员工工资中最低工资的步骤介绍如下。

（1）单击 G24 单元格。

（2）切换到“公式”选项卡，在“函数库”组中单击“自动求和”下拉按钮，在弹出的下拉列表中选择“最小值”命令，如图 2-31 所示。

（3）选择 K2:K23 单元格区域，在编辑栏中出现公式“=MIN(K2:K23)”，如图 2-32 所示。

（4）按【Enter】键，G24 单元格中显示了用公式计算的结果。

SUM =MIN(K2:K23)

	A	B	C	D	E	F	G	H	I	J	K
1	员工姓名	工号	津贴	奖金	基本工资	工龄工资	应发工资	养老保险	失业保险	住房公积金	实发工资
2	安俞腾	A001	200.00	34.50	6000.00	100.00	6334.50	320.00	125.00	720.00	5169.50
3	陈方敏	A002	200.00	45.00	6000.00	100.00	6345.00	320.00	125.00	720.00	5180.00
4	李四	A003	200.00	-634.50	5678.00	100.00	5343.50	320.00	125.00	720.00	4178.50
5	郭晓亮	A004	400.00	67.00	6000.00	100.00	6567.00	320.00	125.00	720.00	5402.00
6	贺照璐	A005	200.00	34.50	6666.00	100.00	7000.50	320.00	125.00	720.00	5835.50
7	李玲玲	A006	200.00	453.00	6000.00	100.00	6753.00	320.00	125.00	720.00	5588.00
8	李士恒	A007	300.00	34.50	6567.00	100.00	7001.50	320.00	125.00	720.00	5836.50
9	李延伟	A008	200.00	34.00	6000.00	100.00	6334.00	320.00	125.00	720.00	5169.00
10	刘文超	A009	200.00	34.50	5689.00	100.00	6023.50	320.00	125.00	720.00	4858.50
11	马丽娜	A010	500.00	234.50	6000.00	100.00	6834.50	320.00	125.00	720.00	5669.50
12	孟宪鑫	A011	200.00	34.50	6000.00	100.00	6334.50	320.00	125.00	720.00	5169.50
13	石峻	A012	200.00	-734.50	6798.00	100.00	6363.50	320.00	125.00	720.00	5198.50
14	杨盛楠	A013	300.00	34.50	6000.00	100.00	6434.50	320.00	125.00	720.00	5269.50
15	翟灵光	A014	200.00	45.00	6000.00	100.00	6345.00	320.00	125.00	720.00	5180.00
16	张庆华	A015	400.00	34.50	6000.00	100.00	6534.50	320.00	125.00	720.00	5369.50
17	郭晓筱	A016	200.00	34.00	7564.00	100.00	7898.00	320.00	125.00	720.00	6733.00
18	安俞帆	A017	200.00	-134.50	6000.00	100.00	6165.50	320.00	125.00	720.00	5000.50
19	陈方亮	A018	450.00	34.50	6000.00	100.00	6584.50	320.00	125.00	720.00	5419.50
20	李延伟	A019	200.00	100.00	6000.00	100.00	6400.00	320.00	125.00	720.00	5235.00
21	贺照璐	A020	200.00	34.50	6000.00	100.00	6334.50	320.00	125.00	720.00	5169.50
22	李士净	A021	200.00	-235.00	6000.00	100.00	6065.00	320.00	125.00	720.00	4900.00
23	李恒前	A022	200.00		6000.00	100.00			125.00	720.00	5135.00
24						最低工资:	=MIN(K2:K23)			平均工资:	
25							MIN(**number1**, [number2], ...)				

图 2-32 求所有员工最低工资

2.3.5　求员工的最高工资

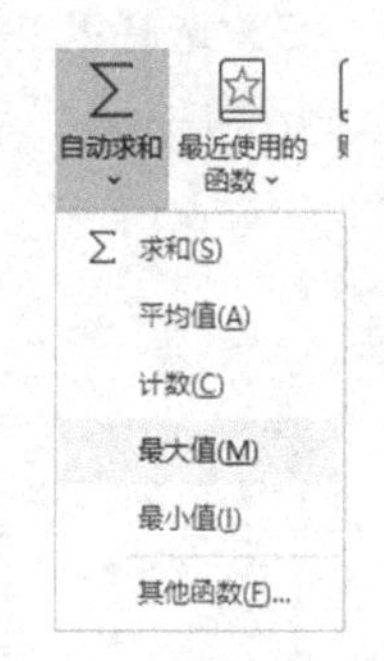

图 2-33　最大值函数

求所有员工工资中最高工资的步骤介绍如下。

（1）单击 I24 单元格。

（2）切换到“公式”选项卡，在“函数库”组中单击“自动求和”下拉按钮，在弹出的下拉列表中选择“最大值”命令，如图 2-33 所示。

（3）选择 K2:K23 单元格区域，在编辑栏中出现公式“=MAX(K2:K23)”，如图 2-34 所示。

SUM　=MAX(K2:K23)

	A	B	C	D	E	F	G	H	I	J	K
1	员工姓名	工号	津贴	奖金	基本工资	工龄工资	应发工资	养老保险	失业保险	住房公积金	实发工资
2	安俞腾	A001	200.00	34.50	6000.00	100.00	6334.50	320.00	125.00	720.00	5169.50
3	陈方敏	A002	200.00	45.00	6000.00	100.00	6345.00	320.00	125.00	720.00	5180.00
4	李四	A003	200.00	-634.50	5678.00	100.00	5343.50	320.00	125.00	720.00	4178.50
5	郭晓亮	A004	400.00	67.00	6000.00	100.00	6567.00	320.00	125.00	720.00	5402.00
6	贺照璐	A005	200.00	34.50	6666.00	100.00	7000.50	320.00	125.00	720.00	5835.50
7	李玲玲	A006	200.00	453.00	6000.00	100.00	6753.00	320.00	125.00	720.00	5588.00
8	李士恒	A007	300.00	34.50	6567.00	100.00	7001.50	320.00	125.00	720.00	5836.50
9	李延伟	A008	200.00	34.00	6000.00	100.00	6334.00	320.00	125.00	720.00	5169.00
10	刘文超	A009	200.00	34.50	5689.00	100.00	6023.50	320.00	125.00	720.00	4858.50
11	马丽娜	A010	500.00	234.50	6000.00	100.00	6834.50	320.00	125.00	720.00	5669.50
12	孟宪鑫	A011	200.00	34.50	6000.00	100.00	6334.50	320.00	125.00	720.00	5169.50
13	石峻	A012	200.00	-734.50	6798.00	100.00	6363.50	320.00	125.00	720.00	5198.50
14	杨盛楠	A013	300.00	34.50	6000.00	100.00	6434.50	320.00	125.00	720.00	5269.50
15	翟灵光	A014	200.00	45.00	6000.00	100.00	6345.00	320.00	125.00	720.00	5180.00
16	张庆华	A015	400.00	34.50	6000.00	100.00	6534.50	320.00	125.00	720.00	5369.50
17	郭晓筱	A016	200.00	34.00	7564.00	100.00	7898.00	320.00	125.00	720.00	6733.00
18	安俞帆	A017	200.00	-134.50	6000.00	100.00	6165.50	320.00	125.00	720.00	5000.50
19	陈方亮	A018	450.00	34.50	6000.00	100.00	6584.50	320.00	125.00	720.00	5419.50
20	李延伟	A019	200.00	100.00	6000.00	100.00	6400.00	320.00	125.00	720.00	5235.00
21	贺照璐	A020	200.00	34.50	6000.00	100.00	6334.50	320.00	125.00	720.00	5169.50
22	李士净	A021	200.00	-235.00	6000.00	100.00	6065.00	320.00	125.00	720.00	4900.00
23	李恒前	A022	200.00		6000.00	100.00	6300.00	320.00			5135.00
24						最低工资：	4178.50	最高工资：	=MAX(K2:K23)		
25									MAX(**number1**, [number2], ...)		

图 2-34　求所有员工最高工资

（4）按【Enter】键，I24 单元格中显示了用公式计算的结果。

2.3.6　计算员工的平均工资

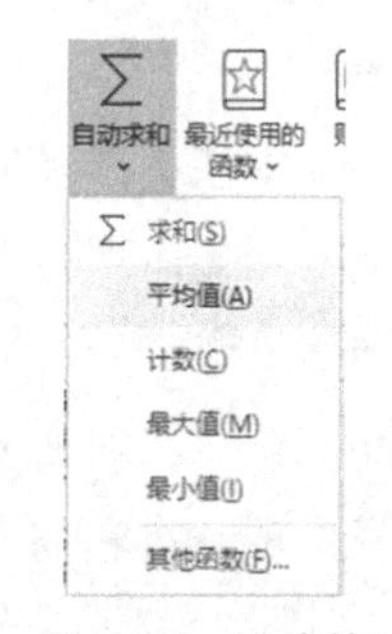

图 2-35　平均值

计算所有员工平均工资的步骤介绍如下。

（1）单击 K24 单元格。

（2）切换到“公式”选项卡，在“函数库”组中单击“自动求和”下拉按钮，在弹出的下拉列表中选择“平均值”命令，如图 2-35

所示。

（3）选择 K2:K23 单元格区域，在编辑栏中出现公式“=AVERAGE(K2:K23)”，如图 2-36 所示。

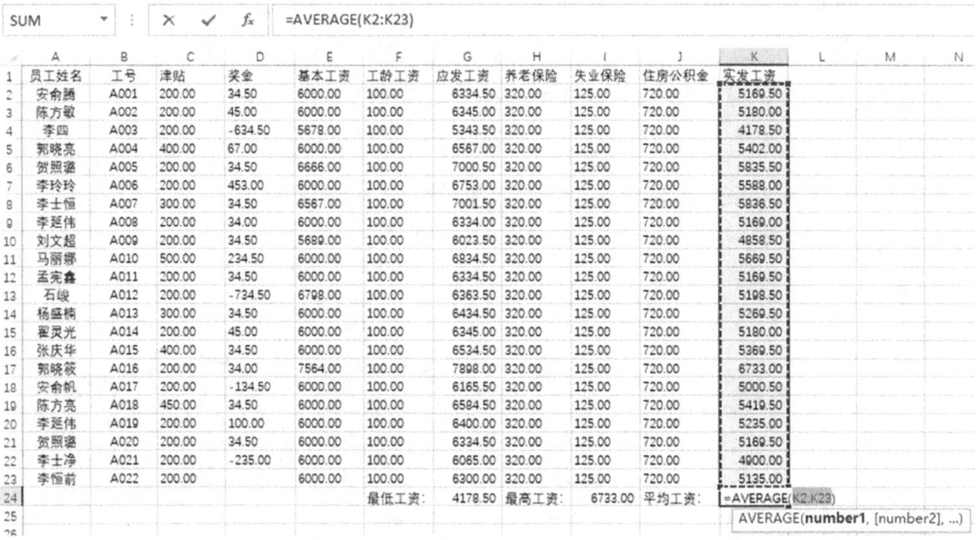

SUM =AVERAGE(K2:K23)

	A	B	C	D	E	F	G	H	I	J	K
1	员工姓名	工号	津贴	奖金	基本工资	工龄工资	应发工资	养老保险	失业保险	住房公积金	实发工资
2	安俞腾	A001	200.00	34.50	6000.00	100.00	6334.50	320.00	125.00	720.00	5169.50
3	陈方敏	A002	200.00	45.00	6000.00	100.00	6345.00	320.00	125.00	720.00	5180.00
4	李四	A003	200.00	-634.50	5678.00	100.00	5343.50	320.00	125.00	720.00	4178.50
5	郭晓亮	A004	400.00	67.00	6000.00	100.00	6567.00	320.00	125.00	720.00	5402.00
6	贺照璐	A005	200.00	34.50	6666.00	100.00	7000.50	320.00	125.00	720.00	5835.50
7	李玲玲	A006	200.00	453.00	6000.00	100.00	6753.00	320.00	125.00	720.00	5588.00
8	李士恒	A007	300.00	34.50	6567.00	100.00	7001.50	320.00	125.00	720.00	5836.50
9	李延伟	A008	200.00	34.00	6000.00	100.00	6334.00	320.00	125.00	720.00	5169.00
10	刘文超	A009	200.00	34.50	5689.00	100.00	6023.50	320.00	125.00	720.00	4858.50
11	马丽娜	A010	500.00	234.50	6000.00	100.00	6834.50	320.00	125.00	720.00	5669.50
12	孟宪鑫	A011	200.00	34.50	6000.00	100.00	6334.50	320.00	125.00	720.00	5169.50
13	石峻	A012	200.00	-734.50	6798.00	100.00	6363.50	320.00	125.00	720.00	5198.50
14	杨盛楠	A013	300.00	34.50	6000.00	100.00	6434.50	320.00	125.00	720.00	5269.50
15	翟灵光	A014	200.00	45.00	6000.00	100.00	6345.00	320.00	125.00	720.00	5180.00
16	张庆华	A015	400.00	34.50	6000.00	100.00	6534.50	320.00	125.00	720.00	5369.50
17	郭晓筱	A016	200.00	34.00	7564.00	100.00	7898.00	320.00	125.00	720.00	6733.00
18	安俞帆	A017	200.00	-134.50	6000.00	100.00	6165.50	320.00	125.00	720.00	5000.50
19	陈方亮	A018	450.00	34.50	6000.00	100.00	6584.50	320.00	125.00	720.00	5419.50
20	李延伟	A019	200.00	100.00	6000.00	100.00	6400.00	320.00	125.00	720.00	5235.00
21	贺照璐	A020	200.00	34.50	6000.00	100.00	6334.50	320.00	125.00	720.00	5169.50
22	李士净	A021	200.00	-235.00	6000.00	100.00	6065.00	320.00	125.00	720.00	4900.00
23	李恒前	A022	200.00		6000.00	100.00	6300.00	320.00	125.00	720.00	5135.00
24						最低工资:	4178.50	最高工资:	6733.00	平均工资:	=AVERAGE(K2:K23)

AVERAGE(**number1**, [number2], ...)

图 2-36　计算所有员工的平均工资

（4）按【Enter】键，K24 单元格中显示了用公式计算的结果。

任务 2.4　数据分析操作

任务描述

在“1～3 月工资发放表”中，对 1～3 月每个员工所发的实际工资进行排序，如图 2-37 所示；统计每个部门对应 1-3 月员工实际工资，如图 2-38 所示。

任务分析

本任务涉及的知识点包括合并计算、排序、分类汇总等内容。

任务实施

在“一月工资表”“二月工资表”“三月工资表”3 个工作表中各有一个“实发工资”项，将它们合并成“1～3 月工资发放表”的操作如下。

	A	B	C	D	E	F	G	H	I
1	1-3月工资发放表								
2	员工姓名	工号	性别	出生日期	学历	部门	职务	年龄	实发工资
3	石峻	A012	男	1987年1月7日	研究生	财务处	副经理	35	17902.50
4	陈方亮	A018	男	1995年1月6日	大专	财务处	职员	27	16258.50
5	李士净	A021	女	1987年1月7日	本科	财务处	副经理	35	16108.50
6	陈方敏	A002	女	1978年1月21日	大专	财务处	副经理	44	15508.50
7	安俞腾	A001	男	1992年1月20日	本科	财务处	经理	30	13201.50
8	安俞帆	A017	女	1978年1月5日	本科	人事处	职员	44	16764.00
9	贺照璐	A020	男	1978年1月10日	大专	人事处	职员	44	15508.50
10	李恒前	A022	男	1978年1月10日	研究生	人事处	经理	44	15508.50
11	孟宪鑫	A011	女	1978年1月15日	大专	人事处	经理	44	11701.50
12	贺照璐	A005	女	1978年1月9日	大专	销售部	职员	44	17505.00
13	张庆华	A015	女	1978年1月10日	研究生	销售部	职员	44	16206.00
14	李延伟	A008	女	1988年1月8日	大专	销售部	职员	34	15705.00
15	马丽娜	A010	男	1978年1月10日	本科	销售部	职员	44	15600.00
16	李玲玲	A006	女	1978年1月15日	研究生	销售部	职员	44	15001.50
17	郭晓筱	A016	女	1987年3月8日	本科	研发处	职员	35	20200.50
18	李士恒	A007	男	1987年1月7日	本科	研发处	职员	35	17509.50
19	郭晓亮	A004	男	1988年1月8日	本科	研发处	职员	34	16108.50
20	刘文超	A009	女	1997年1月9日	研究生	研发处	职员	25	14575.50
21	翟灵光	A014	男	1989年1月9日	大专	研发处	职员	33	13501.50
22	杨盛楠	A013	女	1988年1月8日	本科	总务处	职员	34	15840.00
23	李延伟	A019	男	1988年1月8日	大专	总务处	职员	34	15507.00
24	李四	A003	男	1987年1月7日	研究生	总务处	职员	35	14574.00

图 2-37　排序后的工资表

1 2 3

	A	B	C	D	E	F	G	H	I
1	1-3月工资发放表								
2	员工姓名	工号	性别	出生日期	学历	部门	职务	年龄	实发工资
3	石峻	A012	男	1987年1月7日	研究生	财务处	副经理	35	17902.50
4	陈方亮	A018	男	1995年1月6日	大专	财务处	职员	27	16258.50
5	李士净	A021	女	1987年1月7日	本科	财务处	副经理	35	16108.50
6	陈方敏	A002	女	1978年1月21日	大专	财务处	副经理	44	15508.50
7	安俞腾	A001	男	1992年1月20日	本科	财务处	经理	30	13201.50
8						**财务处 汇总**			78979.50
9	安俞帆	A017	女	1978年1月5日	本科	人事处	职员	44	16764.00
10	贺照璐	A020	男	1978年1月10日	大专	人事处	职员	44	15508.50
11	李恒前	A022	男	1978年1月10日	研究生	人事处	经理	44	15508.50
12	孟宪鑫	A011	女	1978年1月15日	大专	人事处	经理	44	11701.50
13						**人事处 汇总**			59482.50
14	贺照璐	A005	女	1978年1月9日	大专	销售部	职员	44	17505.00
15	张庆华	A015	女	1978年1月10日	研究生	销售部	职员	44	16206.00
16	李延伟	A008	女	1988年1月8日	大专	销售部	职员	34	15705.00
17	马丽娜	A010	男	1978年1月10日	本科	销售部	职员	44	15600.00
18	李玲玲	A006	女	1978年1月15日	研究生	销售部	职员	44	15001.50
19						**销售部 汇总**			80017.50
20	郭晓筱	A016	女	1987年3月8日	本科	研发处	职员	35	20200.50
21	李士恒	A007	男	1987年1月7日	本科	研发处	职员	35	17509.50
22	郭晓亮	A004	男	1988年1月8日	本科	研发处	职员	34	16108.50
23	刘文超	A009	女	1997年1月9日	研究生	研发处	职员	25	14575.50
24	翟灵光	A014	男	1989年1月9日	大专	研发处	职员	33	13501.50
25						**研发处 汇总**			81895.50
26	杨盛楠	A013	女	1988年1月8日	本科	总务处	职员	34	15840.00
27	李延伟	A019	男	1988年1月8日	大专	总务处	职员	34	15507.00
28	李四	A003	男	1987年1月7日	研究生	总务处	职员	35	14574.00
29						**总务处 汇总**			45921.00
30						**总计**			346296.00

图 2-38　汇总后的工资表

2.4.1 复制文本数据

首先在“1-3 月工资发放表”的 A1 单元格中输入汇总表的标题“1-3 月工资发放表”。然后，由于“合并计算”操作对文本型的数据自动忽略，因此可以通过复制操作将所需的员工基本信息从“公司员工信息表”中复制过来，结果如图 2-39 所示。

	A	B	C	D	E	F	G	H	I
1	1-3月工资发放表								
2	员工姓名	工号	性别	出生日期	学历	部门	职务	年龄	实发工资
3	李四	A003	男	1987年1月7日	研究生	总务处	职员	35	
4	李延伟	A019	男	1988年1月8日	大专	总务处	职员	34	
5	杨盛楠	A013	女	1988年1月8日	本科	总务处	职员	34	
6	李士恒	A007	男	1987年1月7日	本科	研发处	职员	35	
7	郭晓亮	A004	男	1988年1月8日	本科	研发处	职员	34	
8	郭晓筱	A016	女	1987年3月8日	本科	研发处	职员	35	
9	翟灵光	A014	男	1989年1月9日	大专	研发处	职员	33	
10	刘文超	A009	女	1997年1月9日	研究生	研发处	职员	25	
11	贺照璐	A005	女	1978年1月9日	大专	销售部	职员	44	
12	马丽娜	A010	男	1978年1月10日	本科	销售部	职员	44	
13	张庆华	A015	女	1978年1月10日	研究生	销售部	职员	44	
14	李玲玲	A006	女	1978年1月15日	研究生	销售部	职员	44	
15	李延伟	A008	女	1988年1月8日	大专	销售部	职员	34	
16	安俞帆	A017	女	1978年1月5日	本科	人事处	职员	44	
17	贺照璐	A020	男	1978年1月10日	大专	人事处	职员	44	
18	李恒前	A022	男	1978年1月10日	研究生	人事处	经理	44	
19	孟宪鑫	A011	女	1978年1月15日	大专	人事处	经理	44	
20	陈方敏	A002	女	1978年1月21日	大专	财务处	副经理	44	
21	李士净	A021	女	1987年1月7日	本科	财务处	副经理	35	
22	石峻	A012	男	1987年1月7日	研究生	财务处	副经理	35	
23	安俞腾	A001	男	1992年1月20日	本科	财务处	经理	30	
24	陈方亮	A018	男	1995年1月6日	大专	财务处	职员	27	

图 2-39 复制后的结果

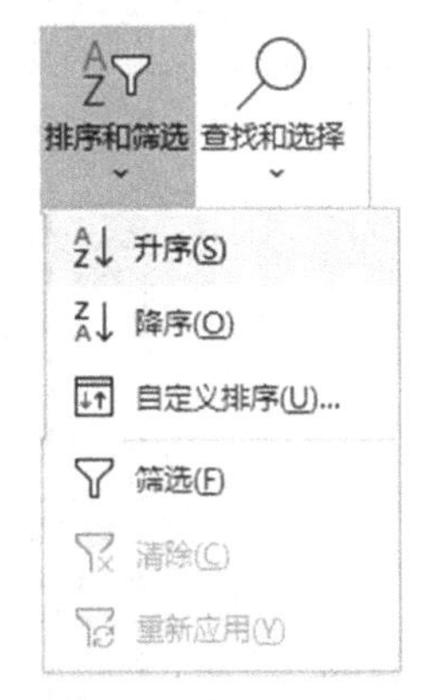

图 2-40 选择“升序”

2.4.2 根据员工工号进行排序

选中“1-3 月工资发放表”中的 B2 单元格，单击“开始”选项卡下“编辑”组中的“排序和筛选”下拉按钮，在弹出的下拉列表中选择“升序”命令，如图 2-40 所示。

2.4.3 合并计算

选中“1-3 月工资发放表”中的 I3:I24 单元格，在“数据”选项卡下的“数据工具”组中单击“合并计算”按钮，如图 2-41 所示。

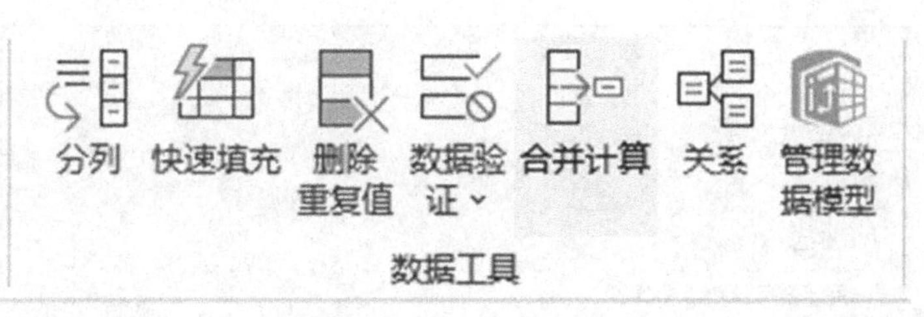

图 2-41　选择“合并计算”

弹出“合并计算”对话框，在“函数”下拉列表中选择“求和”选项，如图 2-42 所示。

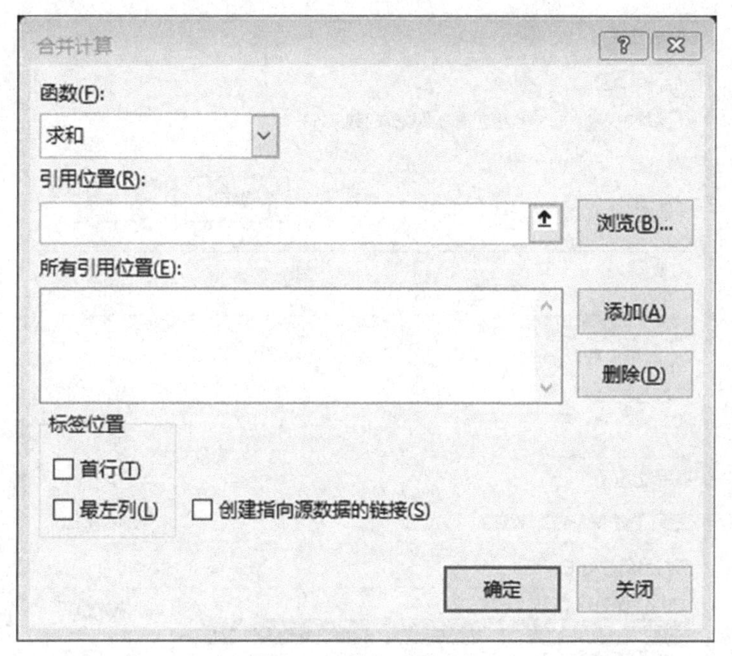

图 2-42　选择“求和”

单击“引用位置”选项右侧的折叠按钮，选择一月工资表中 K2:K23 单元格区域，如图 2-43 所示。

图 2-43　选择引用位置

按【Enter】键，返回“合并计算”对话框，单击“添加”按钮，可将“一月工资表”中 K2:K23 单元格区域地址添加到“所有引用位置”栏中，如图 2-44 所示。

用同样的方法将二月工资表、三月工资表中 K2:K23 单元格区域的数据添加到“所有引用位置”栏中，然后单击“确定”按钮，如图 2-45 所示。

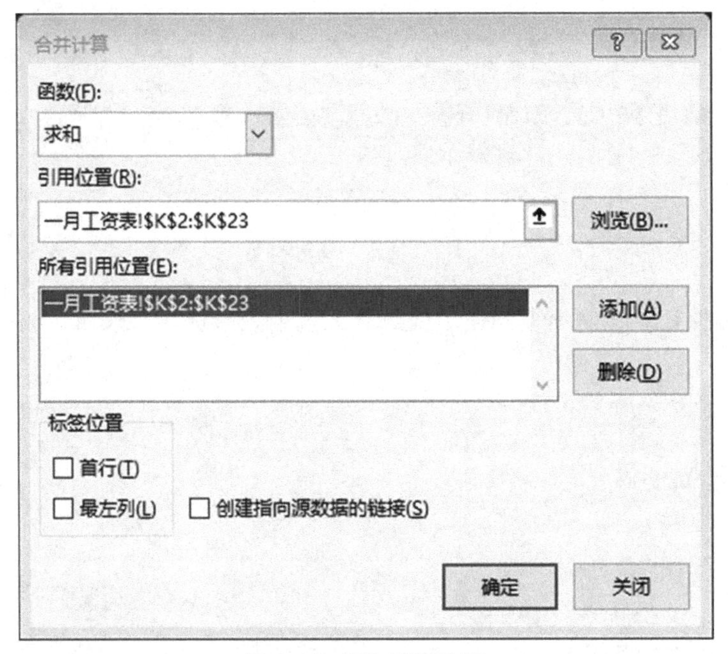

图 2-44　添加引用位置

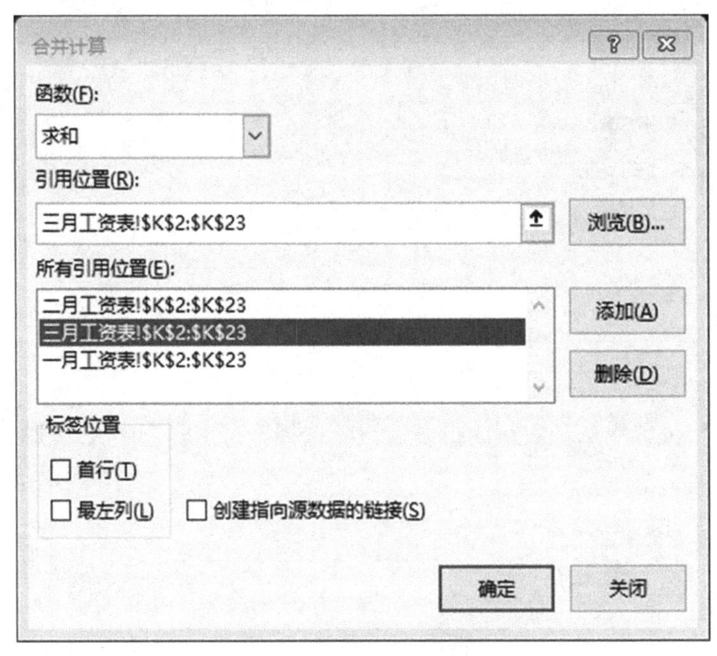

图 2-45　添加所有引用位置

返回“1-3 月工资发放表”，可以看到 I3:I24 单元格的数据是一月工资表、二月工资表、三月工资表中 K2:K23 单元格相应数据的总和，如图 2-46 所示。

	A	B	C	D	E	F	G	H	I
1	1-3月工资发放表								
2	员工姓名	工号	性别	出生日期	学历	部门	职务	年龄	实发工资
3	安俞腾	A001	男	1992年1月20日	本科	财务处	经理	30	14772.00
4	陈方敏	A002	女	1978年1月21日	大专	财务处	副经理	44	15519.00
5	李四	A003	男	1987年1月7日	研究生	总务处	职员	35	14302.50
6	郭晓亮	A004	男	1988年1月8日	本科	研发处	职员	34	16141.00
7	贺照璐	A005	女	1978年1月9日	大专	销售部	职员	44	17505.50
8	李玲玲	A006	女	1978年1月15日	研究生	销售部	职员	44	15758.00
9	李士恒	A007	男	1987年1月7日	本科	研发处	职员	35	17709.50
10	李延伟	A008	女	1988年1月8日	大专	销售部	职员	34	15573.50
11	刘文超	A009	女	1997年1月9日	研究生	研发处	职员	25	13806.50
12	马丽娜	A010	男	1978年1月10日	本科	销售部	职员	44	16339.00
13	孟宪鑫	A011	女	1978年1月15日	大专	人事处	经理	44	14250.00
14	石峻	A012	男	1987年1月7日	研究生	财务处	副经理	35	17133.50
15	杨盛楠	A013	女	1988年1月8日	本科	总务处	职员	34	15819.00
16	翟灵光	A014	男	1989年1月9日	大专	研发处	职员	33	14860.50
17	张庆华	A015	女	1978年1月10日	研究生	销售部	职员	44	16141.00
18	郭晓筱	A016	女	1987年3月8日	本科	研发处	职员	35	20199.50
19	安俞帆	A017	女	1978年1月5日	本科	人事处	职员	44	15589.00
20	陈方亮	A018	男	1995年1月6日	大专	财务处	职员	27	16258.50
21	李延伟	A019	男	1988年1月8日	大专	总务处	职员	34	15639.00
22	贺照璐	A020	男	1978年1月10日	大专	人事处	职员	44	15508.50
23	李士净	A021	女	1987年1月7日	本科	财务处	副经理	35	15169.50
24	李恒前	A022	男	1978年1月10日	研究生	人事处	经理	44	14205.00

图 2-46　1-3 月工资发放表

2.4.4　根据“部门”和“工资”排序

选中“1-3 月工资发放表”中的 I3:I24 单元格区域，切换到“开始”选项卡，单击“编辑”组中的“排序和筛选”下拉按钮，在弹出的下拉列表中选择“自定义排序”命令，如图 2-47 所示，在弹出的“排序”对话框中，“主要关键字”选择“部门”，“排序依据”选择“单元格值”，“次序”选择“升序”；单击“添加条件”按钮，出现“次要关键字”，“次要关键字”选择“实发工资”，“次序”选择“降序”，如图 2-48 所示。

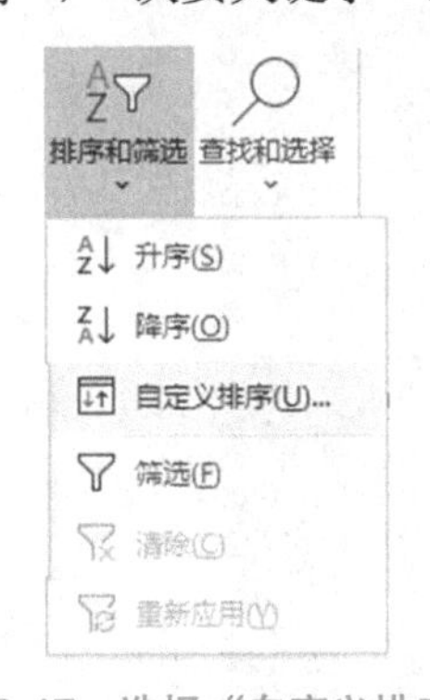

图 2-47　选择“自定义排序”

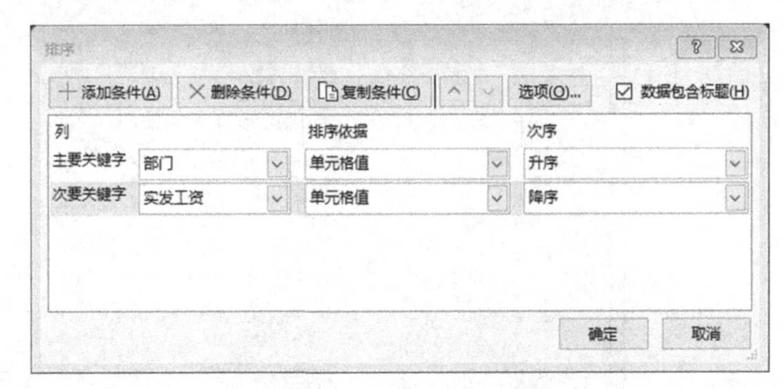

图 2-48　多关键字排序

2.4.5　按“部门”对“工资”进行汇总

选择“1-3 月工资发放表”中有数据的单元格，切换到“数据”选项卡，单击

“分级显示”组中“分类汇总”按钮，如图 2-49 所示。

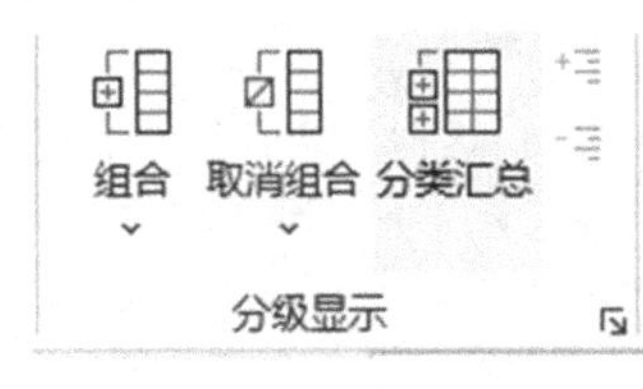

图 2-49 “分类汇总”按钮

弹出“分类汇总”对话框，单击“分类字段”选项的下三角按钮，在弹出的下拉列表中选择“部门”，如图 2-50(a)所示；单击“汇总方式”选项的下三角按钮，在弹出的下拉列表中选择“求和”，如图 2-50(b)所示；在“选定汇总项”列表框中选择汇总项中的“实发工资”，如图 2-50(c)所示。

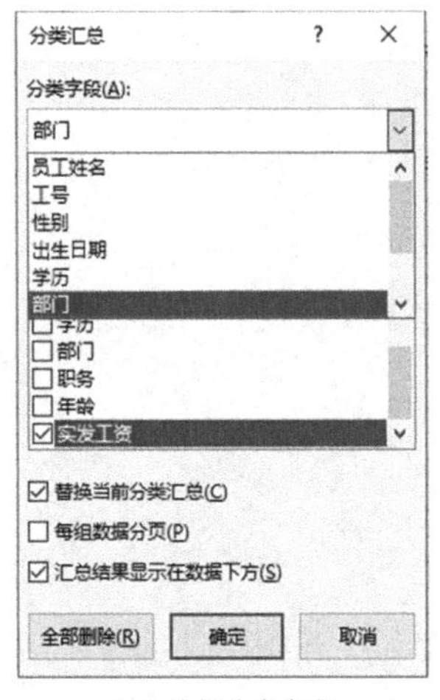

（a）选择分类字段

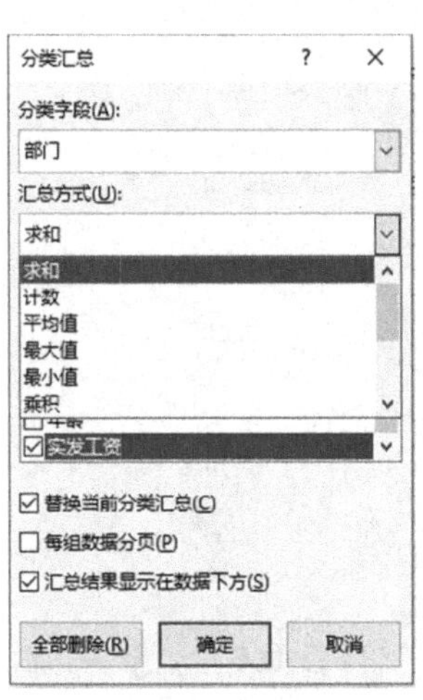

（b）选择汇总方式

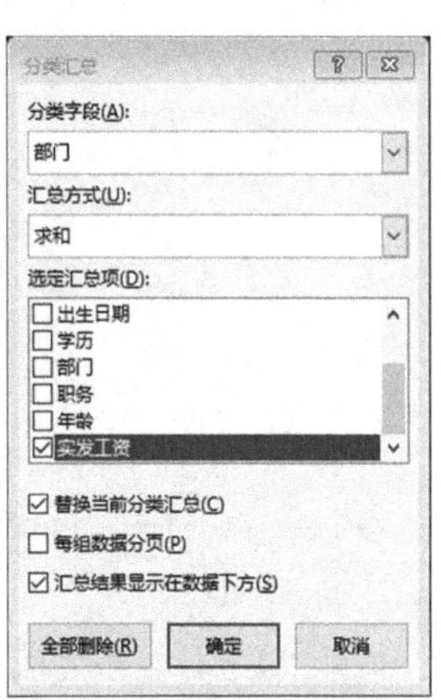

（c）选择汇总项

图 2-50 分类汇总

单击“确定”按钮后，结果如图 2-51 所示。

	A	B	C	D	E	F	G	H	I
1	1-3月工资发放表								
2	员工姓名	工号	性别	出生日期	学历	部门	职务	年龄	实发工资
3	石峻	A012	男	1987年1月7日	研究生	财务处	副经理	35	17902.50
4	陈方亮	A018	男	1995年1月6日	大专	财务处	职员	27	16258.50
5	李士净	A021	女	1987年1月7日	本科	财务处	副经理	35	16108.50
6	陈方敏	A002	女	1978年1月21日	大专	财务处	副经理	44	15508.50
7	安俞腾	A001	男	1992年1月20日	本科	财务处	经理	30	13201.50
8						财务处 汇总			78979.50
9	安俞帆	A017	女	1978年1月5日	本科	人事处	职员	44	16764.00
10	贺照璐	A020	男	1978年1月10日	大专	人事处	职员	44	15508.50
11	李恒前	A022	男	1978年1月10日	研究生	人事处	经理	44	15508.50
12	孟宪鑫	A011	女	1978年1月15日	大专	人事处	经理	44	11701.50
13						人事处 汇总			59482.50
14	贺照璐	A005	女	1978年1月9日	大专	销售部	职员	44	17505.00
15	张庆华	A015	女	1978年1月10日	研究生	销售部	职员	44	16206.00
16	李延伟	A008	女	1988年1月8日	大专	销售部	职员	34	15705.00
17	马丽娜	A010	男	1978年1月10日	本科	销售部	职员	44	15600.00
18	李玲玲	A006	女	1978年1月15日	研究生	销售部	职员	44	15001.50
19						销售部 汇总			80017.50
20	郭晓筱	A016	女	1987年3月8日	本科	研发处	职员	35	20200.50
21	李士恒	A007	男	1987年1月7日	本科	研发处	职员	35	17509.50
22	郭晓亮	A004	男	1988年1月8日	本科	研发处	职员	34	16108.50
23	刘文超	A009	女	1997年1月9日	研究生	研发处	职员	25	14575.50
24	翟灵光	A014	男	1989年1月9日	大专	研发处	职员	33	13501.50
25						研发处 汇总			81895.50
26	杨盛楠	A013	女	1988年1月8日	本科	总务处	职员	34	15840.00
27	李延伟	A019	男	1988年1月8日	大专	总务处	职员	34	15507.00
28	李四	A003	男	1987年1月7日	研究生	总务处	职员	35	14574.00
29						总务处 汇总			45921.00
30						总计			346296.00

图 2-51 汇总后的效果图

任务 2.5　图表与数据透视表的使用

任务描述

使用 Excel 2021 对“1-3 月工资发放表”进行分析，要求统计每个部门的总人数、分析员工的学历构成和对应 1～3 月员工实际工资，如图 2-52 所示；对每个部门员工 1～3 月份奖金生成图表进行对比，如图 2-53 所示；筛选出 1～3 月奖金全部小于 100 的员工，如图 2-54 所示。

	学历							
	本科		大专		研究生			
部门	求和项:实发工资	计数项:职务	求和项:实发工资	计数项:职务	求和项:实发工资	计数项:职务	求和项:实发工资汇总	计数项:职务汇总
财务处	29310	2	31767	2	17902.5	1	78979.5	5
人事处	16764	1	27210	2	15508.5	1	59482.5	4
销售部	15600	1	33210	2	31207.5	2	80017.5	5
研发处	53818.5	3	13501.5	1	14575.5	1	81895.5	5
总务处	15840	1	15507	1	14574	1	45921	3
总计	131332.5	8	121195.5	8	93768	6	346296	22

图 2-52　数据透视表

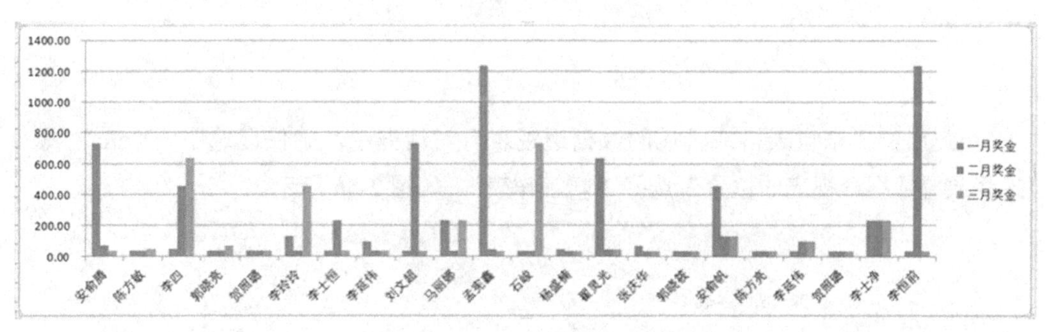

图 2-53　1～3 月份奖金对比图

	A	B	C	D
1	员工姓名	一月奖金	二月奖金	三月奖金
3	陈方敏	34.50	34.50	45.00
5	郭晓亮	34.50	34.50	67.00
6	贺照璐	34.00	34.00	34.50
14	杨盛楠	45.00	34.50	34.50
16	张庆华	67.00	34.50	34.50
17	郭晓筱	34.50	34.00	34.00
19	陈方亮	34.50	34.50	34.50
21	贺照璐	34.50	34.50	34.50

图 2-54　1～3 月奖金全部小于 100 的员工

任务分析

完成该任务，需要掌握的知识点有创建数据透视表、创建图表、编辑图表等。

任务实施

2.5.1 创建数据透视表

选择“1-3 月工资发放表”中有数据的单元格，切换到“插入”选项卡，单击“表格”组中的“数据透视表”下拉按钮，选择下拉列表中的“表格和区域”，如图 2-55 所示。

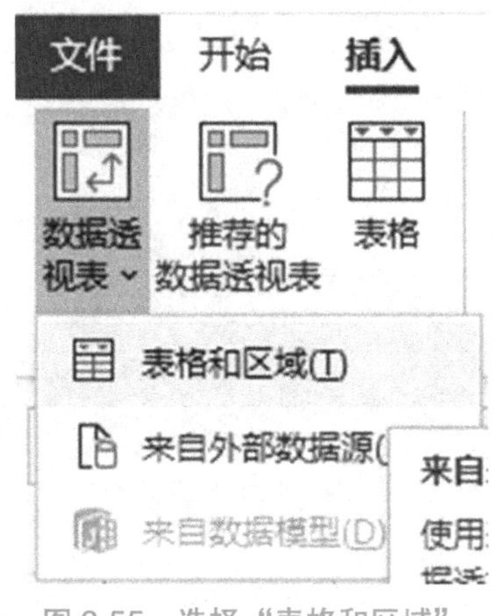

图 2-55 选择“表格和区域”

在弹出的“来自表格或区域的数据透视表”对话框中，确保已选中一个表区域，“选择放置数据透视表的位置”选择“新工作表”，如图 2-56 所示。

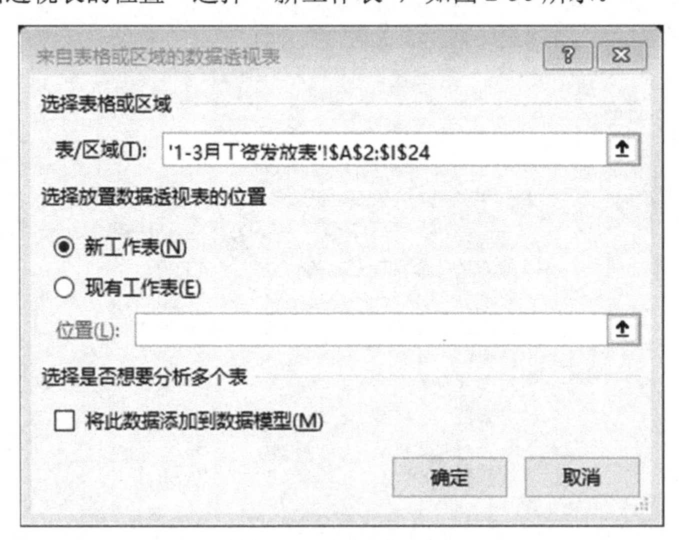

图 2-56 选择表区域

单击对话框中的“确定”按钮后，跳转到新的工作表中。在“数据透视表字段”列表中的字段可参照图 2-57 所示进行设置，设置后的效果如图 2-58 所示。

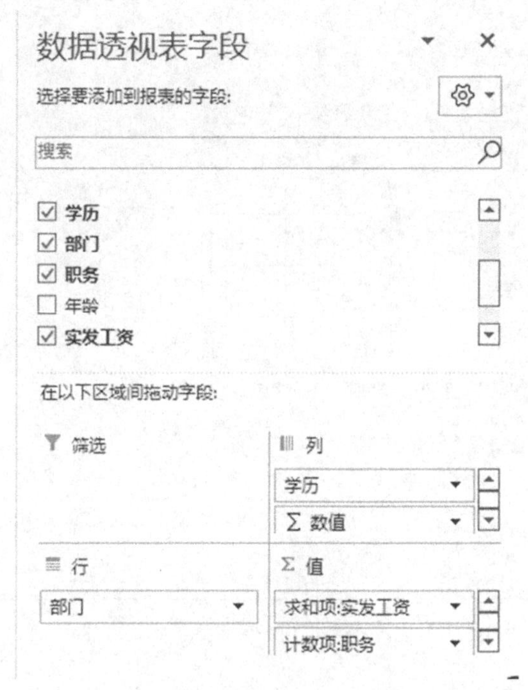

图 2-57　透视表字段设置

	列标签							
	本科		大专		研究生		求和项:实发工资汇总	计数项:职务汇总
行标签	求和项:实发工资	计数项:职务	求和项:实发工资	计数项:职务	求和项:实发工资	计数项:职务		
财务处	29310	2	31767	2	17902.5	1	78979.5	5
人事处	16764	1	27210	2	15508.5	1	59482.5	4
销售部	15600	1	33210	2	31207.5	2	80017.5	5
研发处	53818.5	3	13501.5	1	14575.5	1	81895.5	5
总务处	15840	1	15507	1	14574	1	45921	3
总计	**131332.5**	**8**	**121195.5**	**8**	**93768**	**6**	**346296**	**22**

图 2-58　数据透视表效果图

2.5.2　对数据透视表进行修饰排版操作

选择图 2-58 中的“列标签”，将其修改为“学历”；选中“行标签”，将其修改为“部门”，如图 2-59 所示。

图 2-59　标签修改

选中无主题颜色的数据区域并单击鼠标右键，选择“设置单元格格式”命令。打开“设置单元格格式”对话框后，切换到“边框”选项卡，如图 2-60 所示。选中图 2-60 中较细的直线线条，单击“外边框”图标及“内部”图标，完成边框设置。

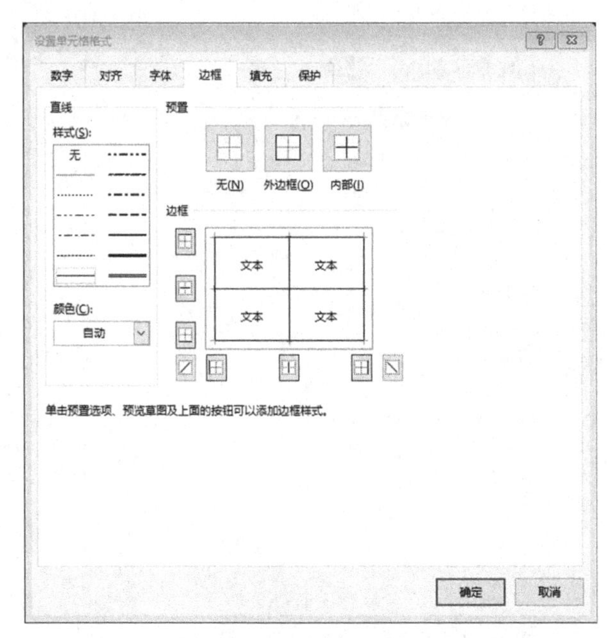

图 2-60　边框设置

2.5.3　生成图表

将员工姓名、一月奖金、二月奖金、三月奖金数据复制到新工作表中，如图 2-61 所示。

	A	B	C	D
1	员工姓名	一月奖金	二月奖金	三月奖金
2	安俞腾	734.50	67.00	34.50
3	陈方敏	34.50	34.50	45.00
4	李四	45.00	453.00	634.50
5	郭晓亮	34.50	34.50	67.00
6	贺照璐	34.00	34.00	34.50
7	李玲玲	134.50	34.50	453.00
8	李士恒	34.50	234.50	34.50
9	李延伟	100.00	34.50	34.00
10	刘文超	34.50	734.50	34.50
11	马丽娜	235.00	34.50	234.50
12	孟宪鑫	1234.50	45.00	34.50
13	石峻	34.50	34.50	734.50
14	杨盛楠	45.00	34.50	34.50
15	翟灵光	634.50	45.00	45.00
16	张庆华	67.00	34.50	34.50
17	郭晓筱	34.50	34.00	34.00
18	安俞帆	453.00	134.50	134.50
19	陈方亮	34.50	34.50	34.50
20	李延伟	34.00	100.00	100.00
21	贺照璐	34.50	34.50	34.50
22	李士净	234.50	235.00	235.00
23	李恒前	34.50	1234.50	34.50

图 2-61　1-3 月份奖金数据

选中 A1:D23 单元格区域，切换到“插入”选项卡并单击“图表”组中的柱状图按钮，如图 2-62 所示。

图 2-62　柱状图

在弹出的下拉列表中选择“簇状柱形图”，如图 2-63 所示，可以看到在当前工作表中生成了柱形图，如图 2-64 所示。

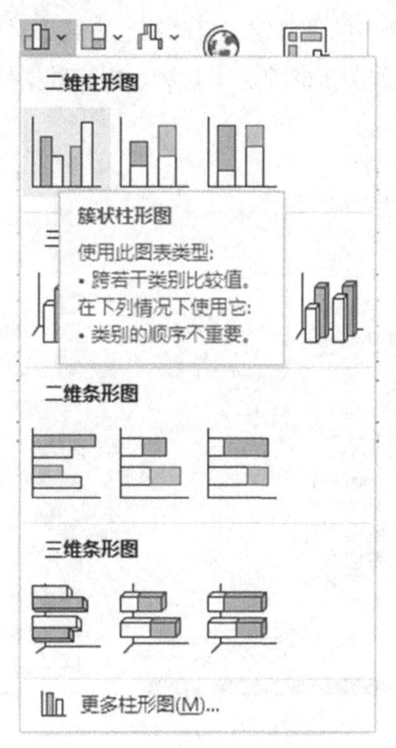

图 2-63　选择“簇状柱形图”

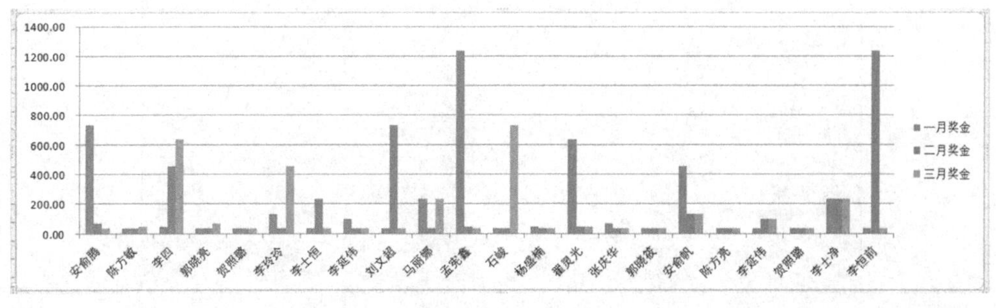

图 2-64　柱形图

2.5.4 筛选出 1～3 月奖金全部小于 100 的员工

选中 B1:D1 单元格，切换到“数据”选项卡并单击“排序和筛选”组中的“筛选”按钮，如图 2-65 所示，效果如图 2-66 所示。

图 2-65 “筛选按钮　　图 2-66 设置筛选的效果

单击 B1 单元格中的下三角按钮，在弹出的下拉列表中选择“数字筛选”→“小于”命令，如图 2-67 所示。在弹出的“自定义自动筛选方式”对话框中，在“小于”选项右侧的文本框中输入“100”，如图 2-68 所示。C 列、D 列数据的筛选采用同样的方式。

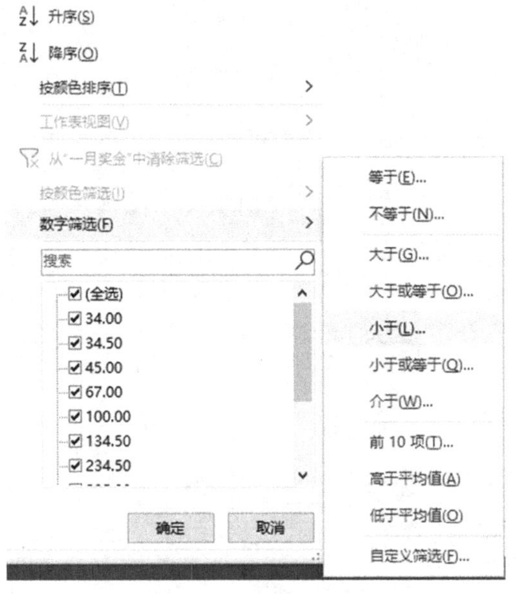

图 2-67 数字筛选

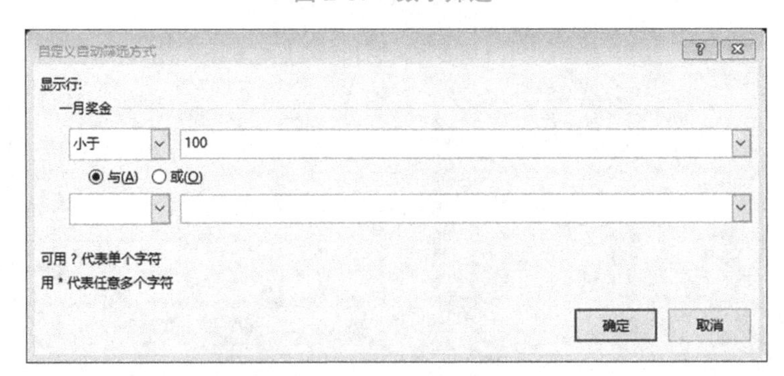

图 2-68 自定义自动筛选方式

本章小结与课程思政

本章重点介绍了 Microsoft Office 工具之一 Excel 2021 的使用。通过学习，认识了 Excel 2021 的窗口；掌握了 Excel 2021 的启动与退出；工作簿的新建、保存、打开、关闭；工作表的编辑、单元格中不同格式内容的输入、自动填充数据及格式设置；要求能够利用公式、函数进行计算，能够根据需要生成图表，能够对数据根据需求进行排序、筛选、分类汇总等。Excel 2021 是一个处理数据的软件，为保证数据的精确度，在学习的过程中要求学生树立严谨的专业精神和科学的研究态度，锻炼学生的知识获取与应用能力、学习与创新能力、解决问题的能力。同时，引导学生养成“胸怀祖国、无私奉献”的家国情怀与政治认同；培养学生社会主义核心价值观，爱岗敬业、遵纪守法、规则意识，培养学生诚实守信、开拓创新、作风严谨、自律，具有较强的时间管理能力及高度的责任心等会计职业道德。

思考与训练

1. 填空题

（1）在 Excel 中，用来存储数据的基本单元称为________________。

（2）在 Excel 中，工作表与工作簿之间的关系是____________________________。

（3）在 Excel 中选中某一单元格后，单元格的______________将显示在名称框中。

（4）如果某单元格显示为若干“#”（如“###”），这是因为__________________。

（5）在一个单元格中若输入 8/9，按下【Enter】键后，默认应显示为__________。

（6）在 Excel 中，函数_________________用于计算选定的单元格区域内数值的最大值。

2. 操作题

（1）制作学生信息表

① 启动 Excel 软件：双击桌面上的 Excel 2021 图标，在快速访问工具栏中将“保存”“打开”和“打印预览和打印按钮”设置为显示状态。

② 保存工作簿：单击“保存”按钮，将工作簿命名为“表格 01”并保存至 C 盘中。

③ 打开工作簿：单击“打开”按钮，打开 C 盘中的“表格 01”。

④ 分别在 A1、B1、C1 单元格中写上学号、姓名、性别，将图 2-69 中的数据添加到该表中，最后将该工作簿另存为“学生.xls”，保存至 D 盘中。

（2）修改学生信息表

① 将“学生信息表”重命名为“学生成绩表”，并把图 2-70 所示数据录入到该表中。

② 把标题行进行合并居中。

③ 用函数求出总分、平均分、最大值、最小值。

④ 按总分成绩递减排序，总分相等时按学号递增排序。

学号	姓名	性别	专业
2018001	张三	男	政治
2018002	王梅	女	汉语言文学
2018003	郭磊	男	软件工程
2018004	林涛	女	计算机应用技术
2018005	朱间	男	软件工程
2018006	黎明	女	历史
2018007	王建国	男	软件工程
2018008	陈宇	女	英语
2018009	张华	男	软件工程
2018010	李丽	女	建筑
2018011	王城	男	机械
2018012	李俊	女	艺术
2018013	王洪磊	男	网络工程
2018014	王华	女	软件工程
2018015	孙传福	男	英语
2018016	赵燕	女	软件工程
2018017	安玉帆	男	历史
2018018	陈芳敏	女	软件工程
2018019	顾里将	男	建筑
2018020	郭晓玲	女	机械
2018021	何照	男	艺术
2018022	李恒前	女	网络工程

图 2-69　学生信息表

⑤ 筛选计算机网络成绩大于等于 70 分且小于 80 分的记录，并把结果放在 Sheet2 中。

⑥ 把 Sheet2 工作表命名为“筛选结果”。

⑦ 设置工作表行、列：标题行行高 30，其余行高 20。

⑧ 设置单元格：标题字体为楷体，字号为 20，字体颜色为红色，跨列居中，底纹黄色。将成绩数据右对齐，其他各单元格内容居中。

⑨ 设置表格边框：外边框为双线，深蓝色；内边框为细实心框，黑色。将姓名和总分列建立图表并给图表命名。

学号	姓名	性别	专业	英语	java程序设计	计算机网络	数学	MySql数据库	平均分	总分
2018001	张三	男	政治	86	86	56	89	78		
2018002	王梅	女	又语言文学	93	93	97	79	95		
2018003	郭磊	男	软件工程	90	89	88	71	92		
2018004	林涛	女	几应用技术	95	94	70	76	75		
2018005	朱间	男	软件工程	88	79	86	79	78		
2018006	黎明	女	历史	100	88	59	92	92		
2018007	王建国	男	软件工程	95	96	89	97	98		
2018008	陈宇	女	英语	95	92	98	93	89		
2018009	张华	男	软件工程	95	90	65	86	53		
2018010	李丽	女	建筑	95	89	97	81	89		
2018011	王城	男	机械	90	73	96	91	76		
2018012	李俊	女	艺术	89	68	75	96	90		
2018013	王洪磊	男	网络工程	95	80	69	92	95		
2018014	王华	女	软件工程	95	70	80	84	76		
2018015	孙传福	男	英语	94	90	91	78	89		
2018016	赵燕	女	软件工程	89	94	93	76	70		
2018017	安玉帆	男	历史	94	95	86	91	72		
2018018	陈芳敏	女	软件工程	70	89	95	81	81		
2018019	顾里将	男	建筑	75	95	78	89	86		
2018020	郭晓玲	女	机械	90	73	81	72	84		
2018021	何照	男	艺术	79	70	80	76	92		
2018022	李恒前	女	网络工程	86	90	83	77	85		

图 2-70　学生成绩表

第 3 章　演示文稿制作

随着互联网的快速发展，PPT 已成为必不可少的技能工具。演示文稿可以将多种媒体有机地结合起来，如文字、图片、视频等，使枯燥的内容变得生动有趣。目前，演示文稿的应用领域非常广泛，如工作汇报、产品推介、企业宣传、婚礼庆典等。本章以 Microsoft Office PowerPoint 2021（以下简称 PPT）为例，主要介绍演示文稿基础知识、幻灯片编辑、幻灯片文字设置、幻灯片美化、幻灯片的页面设计、幻灯片放映与打印等内容，本章通过制作《从党史中读懂共产党的初心》PPT 来学习 PowerPoint 的设计和制作。

学习目标

- ◆ 掌握演示文稿的创建、打开、保存、退出等基本操作。
- ◆ 掌握幻灯片的创建、复制、删除、移动、导出等基本操作。
- ◆ 掌握幻灯片文字的设置方法。
- ◆ 掌握在幻灯片中插入各类对象的方法，如图片、表格、音频、视频等。
- ◆ 掌握幻灯片动画效果的设置方法。
- ◆ 了解幻灯片的放映方式和添加备注。
- ◆ 树立勇于创新、勇敢攀登科技高峰的信念。

任务 3.1　演示文稿的基本操作

任务描述

使用模板创建演示文稿《从党史中读懂共产党的初心》，并练习打开、查看、保存、关闭演示文稿等操作，如图 3-1 所示。

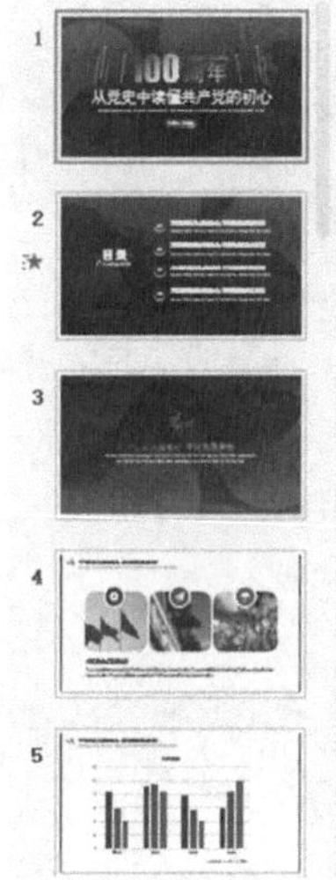

图 3-1　演示文稿效果

任务分析

PPT 的作用是以文字、图形、色彩及动画的方式，将需要表达的内容直观、形象地展示给观众，让观众对你要表达的意思印象深刻。在学会做精美的 PPT 之前，要掌握 PowerPoint 2021 中新建、保存、关闭、打开、查看演示文稿等操作。通过本任务对基本操作的讲解，要求掌握演示文稿的创建、保存、输出、退出等基本操作。

任务实施

3.1.1　新建演示文稿

新建演示文稿主要有三种方法：用户既可以使用 PowerPoint 2021 新建一个空白演示文稿，也可以使用内置的模板新建演示文稿，还可以通过搜索使用联机模板新建演示文稿。

1. 快速创建空白演示文稿

启动 PowerPoint 2021 软件，弹出 PowerPoint 界面，单击界面左侧的“空白演示文稿”选项，即可创建一个空白演示文稿，如图 3-2 所示。

如果还要创建新的空白演示文稿，其具体操作如下：

（1）启动 PowerPoint 2021，选择“文件”→“新建”命令。

（2）在右侧窗格中，单击“空白演示文稿”按钮。

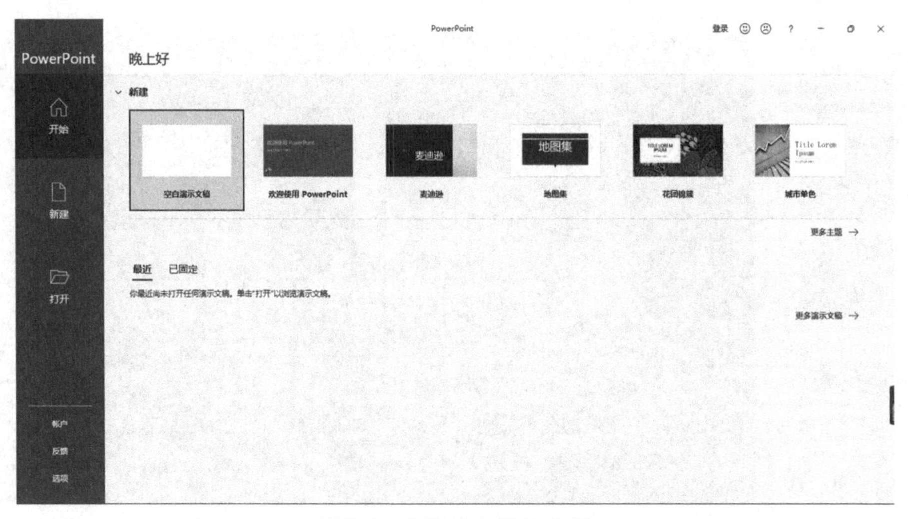

图 3-2　创建空白演示文稿

2. 使用已有模板创建演示文稿

一份精美的演示文稿，不仅要有好的内容，还要有合适的模板。模板是幻灯片的框架，是已经为用户设置好了幻灯片的整体设计风格（如幻灯片布局、色调、图形图片等设计元素）、封面页、目录页、过渡页、内页和封底的演示文稿。用户可以在新建的模板上，根据实际需求添加文本、图片等内容即可快速地制作出一个精美的演示文稿。

使用 PowerPoint 2021 提供的模板创建有内容的演示文稿的方法与创建空白演示文稿一样，都是在“新建”窗格中完成的，具体操作如下：

（1）启动 PowerPoint 2021，选择“文件”→“新建”命令。

（2）在右侧窗格中，选择自己需要的模板，最后单击“创建”按钮，如图 3-3 所示。

图 3-3　使用已有模板创建演示文稿

3. 使用联机模板创建演示文稿

如果系统提供的模板不能满足需求，可以使用联机模板新建演示文稿。启动 PowerPoint 2021 后，在 PowerPoint 界面的搜索框中输入“工作总结”，单击“搜索”按钮则将搜索出与“工作总结”相关的模板，如图 3-4 所示。选择其中一种模板，即可创建演示文稿。

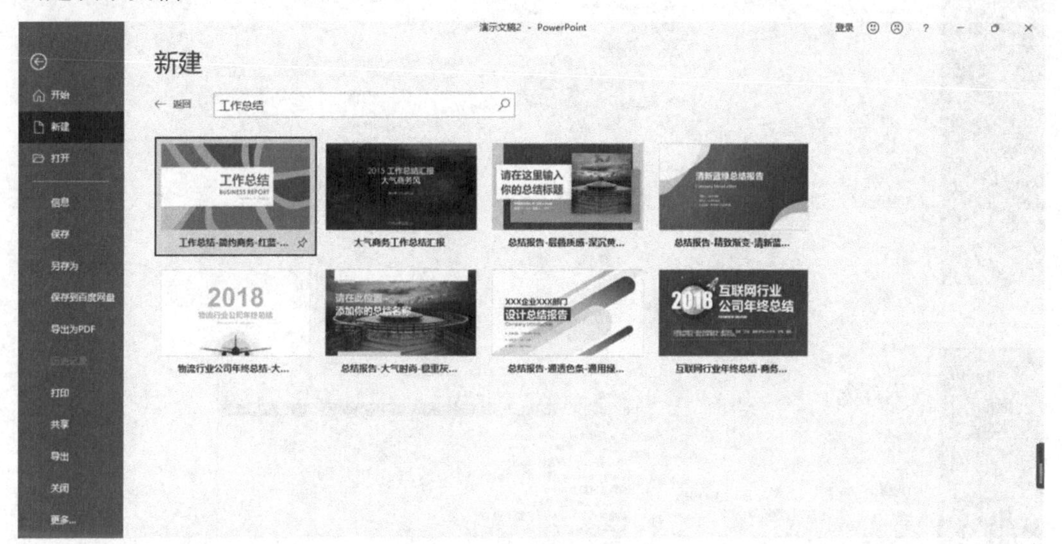

图 3-4　使用联机模板创建演示文稿

3.1.2　保存和输出演示文稿

在制作演示文稿过程中要经常进行保存操作。PowerPoint 保存方式分为直接保存演示文稿和另存为演示文稿两种方式。

1. 直接保存演示文稿

直接保存演示文稿既可以通过按【Ctrl+S】组合键，也可以通过单击“文件”选项卡来完成。第一次保存演示文稿时，PowerPoint 会打开“另存为”对话框，提示输入文件名，选择保存位置和保存类型，如图 3-5 所示，如果对已有演示文稿进行修改后再保存，则保存在原文件中，不会再提示输入名称和位置。

默认情况下，PowerPoint 将文件保存为 PowerPoint 演示文稿（pptx）文件格式。若要将演示文稿保存为其他格式，可以单击“保存类型”下拉列表，从中选择所需的文件格式即可，如图 3-6 所示。

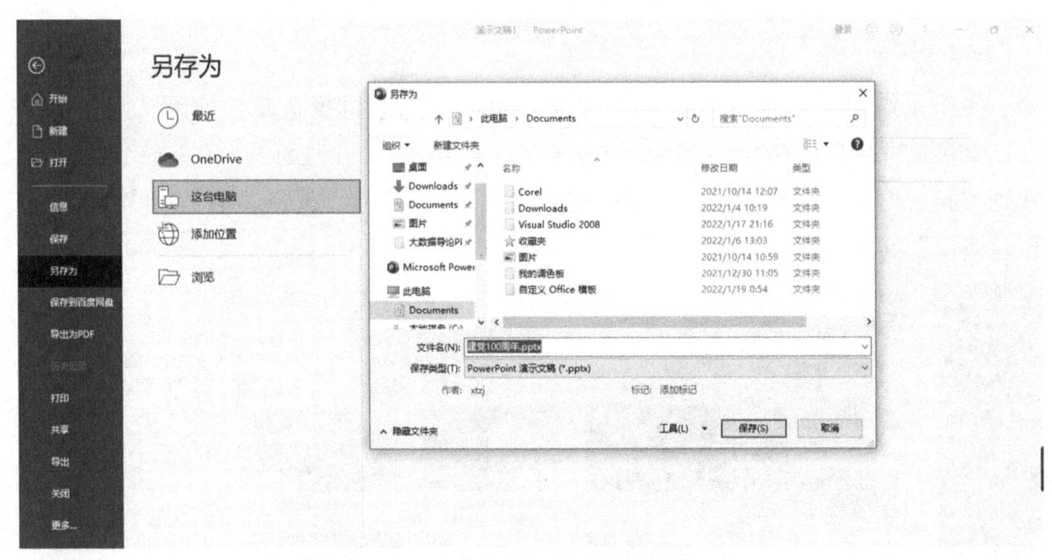

图 3-5　直接保存演示文稿

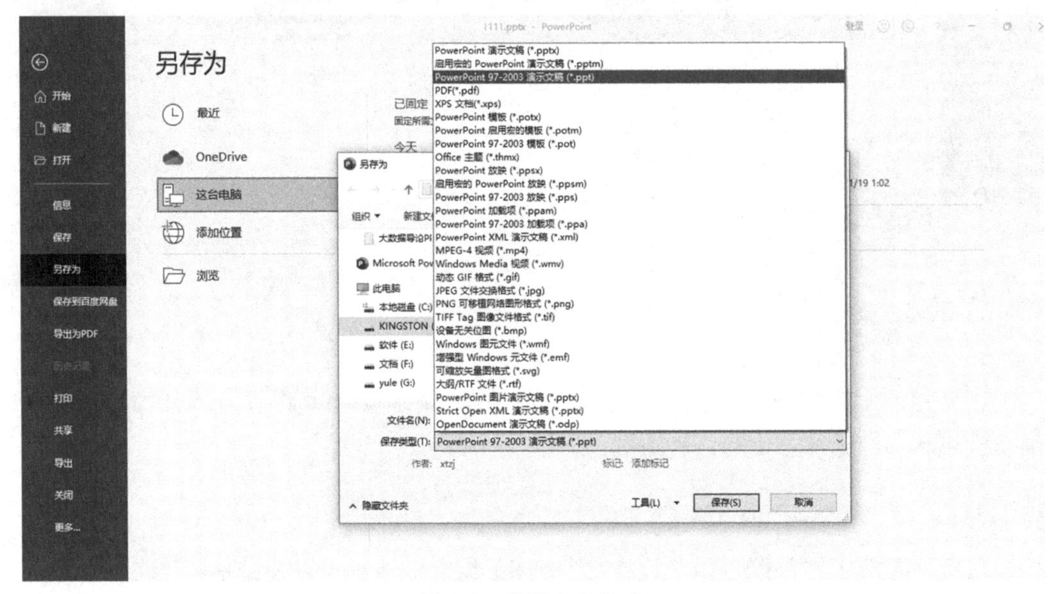

图 3-6　选择文件格式

2. 另存为演示文稿

如果需要将文件另存为一个新的文件则可以通过单击“文件”选项卡中的“另存为”选项，后面的操作步骤与直接保存演示文稿相同。

3. 输出演示文稿

PowerPoint 还可以创建 PDF/XPS 文档、创建视频、创建动态 Gif、将演示文稿打包成 CD 和创建讲义等，具体步骤介绍如下：

（1）单击“文件”选项卡。

（2）单击“导出”命令。

（3）在“导出”栏下选择相关选项，如图 3-7 所示。

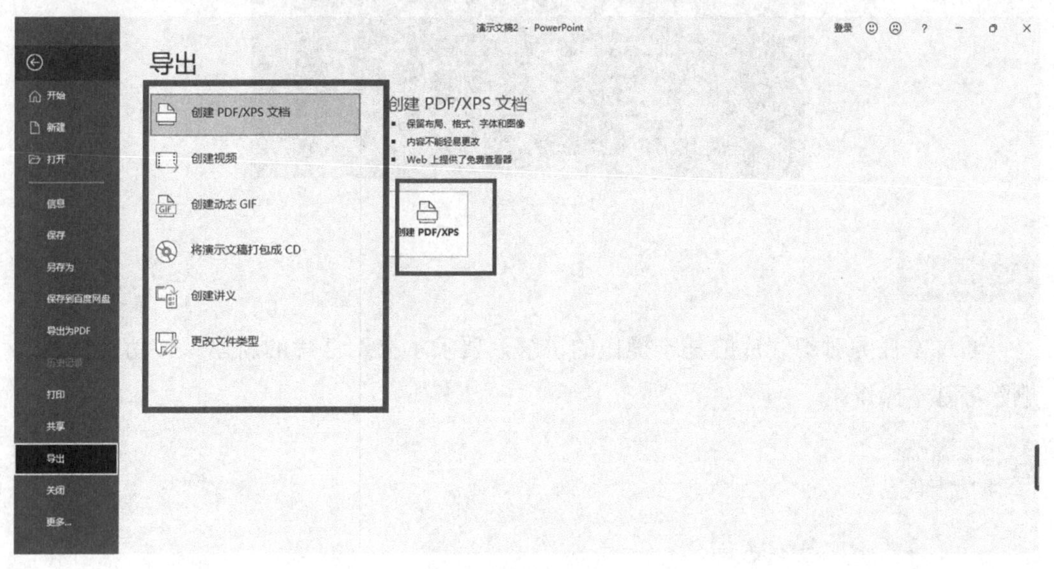

图 3-7　输出演示文档

3.1.3　关闭演示文稿

需要关闭演示文稿时，可直接单击 PowerPoint 2021 演示文稿窗口右上角的“关闭”按钮，也可按以下操作方法关闭演示文稿，具体操作如下：

（1）在 PPT 演示文稿窗口中选择“文件”选项卡。

（2）在“文件”选项卡的下拉菜单中选择“关闭”命令。

任务 3.2　幻灯片基本编辑

任务描述

新建演示文稿的内容页，练习幻灯片的新建、移动、复制、删除等基本操作，如图 3-8 所示。

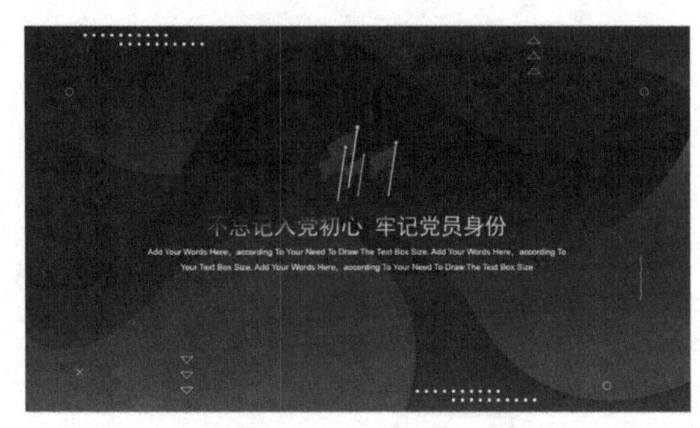

图 3-8 演示文稿内容页

任务分析

通过本任务对幻灯片的基本操作的讲解，要求掌握幻灯片的新建、移动、复制、删除等基本操作。

任务实施

3.2.1 新建幻灯片

打开演示文稿后，可以通过以下两种方法新建幻灯片。

1. 单击“开始”→“新建幻灯片”按钮，会新建一张“标题和内容”幻灯片，也可以从“新建幻灯片”下拉列表中挑选一个合适版式来新建幻灯片，如图 3-9 所示。

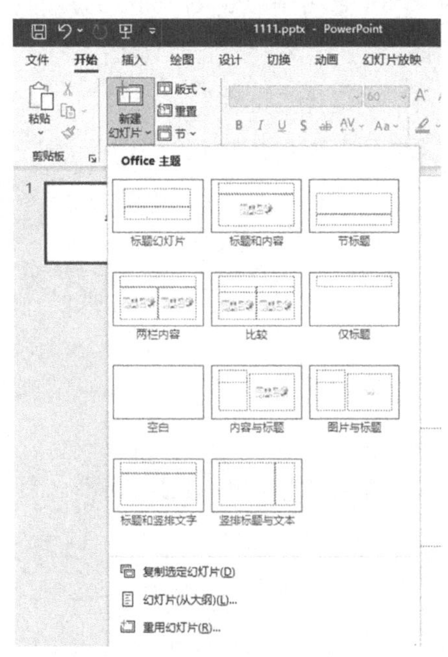

图 3-9 方法 1

2. 单击“插入”→“新建幻灯片”按钮，与方法 1 相同，会新建一张“标题和内容”幻灯片，也可以从“新建幻灯片”下拉列表中挑选一个合适版式来新建幻灯片，如图 3-10 所示。

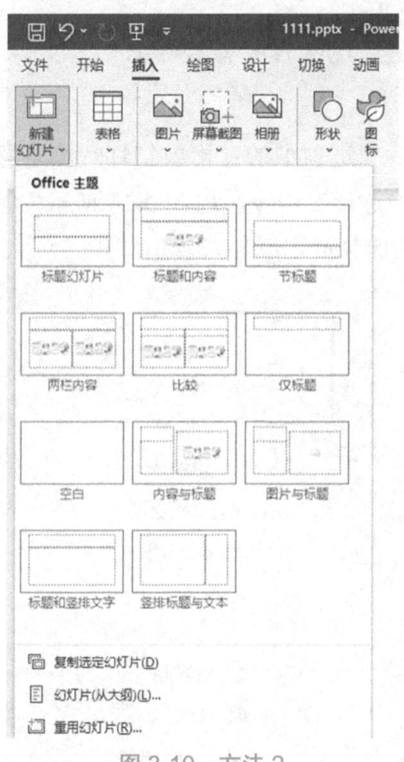

图 3-10　方法 2

3.2.2　移动幻灯片

在制作演示文稿的过程中，有时需要调整某张幻灯片的位置。右击该幻灯片，选择“剪切”命令，再右击目标位置，选择“粘贴”命令；或者直接选中该幻灯片，将其拖曳到目标位置即可。

3.2.3　复制幻灯片

如果需要创建的幻灯片的内容与已有幻灯片的内容相似，那么可以复制已有的幻灯片，只修改其中部分内容即可。此处介绍两种复制幻灯片的方法。

（1）右击要复制的幻灯片，选择“复制”命令，再右击目标位置，选择“粘贴”命令。也可以使用组合键，选中要复制的幻灯片，按组合键【Ctrl+C】，将鼠标指针定位到目标位置之后，按组合键【Ctrl+V】即可完成复制。

（2）右击要复制的幻灯片，选择“复制幻灯片”命令，此时在该幻灯片的下一页会出现一张与该幻灯片相同的幻灯片，根据需要将该幻灯片移动至合适的位置即可。

3.2.4 隐藏幻灯片

1. 隐藏幻灯片

在普通视图下“幻灯片”选项卡的窗格或幻灯片浏览器视图中，选中要隐藏的幻灯片，右击，选择“隐藏幻灯片”命令，如图 3-11 所示，被隐藏的幻灯片的数字上被画上了斜杠，在幻灯片播放时，就不会显示该幻灯片。

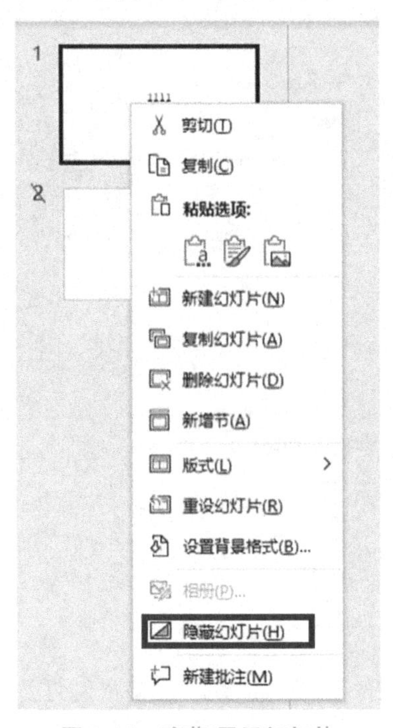

图 3-11 隐藏/显示幻灯片

2. 显示幻灯片

在幻灯片左栏中，选中被隐藏的幻灯片，右击，选择“隐藏幻灯片”命令，幻灯片前的数字上面没有斜杠，即可显示被隐藏的幻灯片。

3.2.5 删除幻灯片

在制作演示文稿的过程中，需要将无用的幻灯片删除。在幻灯片浏览窗格中右击需要删除的幻灯片，选择“删除幻灯片”命令。也可以使用快捷键，选中要删除的幻灯片，按【Delete】键即可。

任务 3.3　幻灯片文字设置

任务描述

利用 PowerPoint 2021 制作《从党史读懂共产党的初心》的活动安排，如图 3-12 所示。

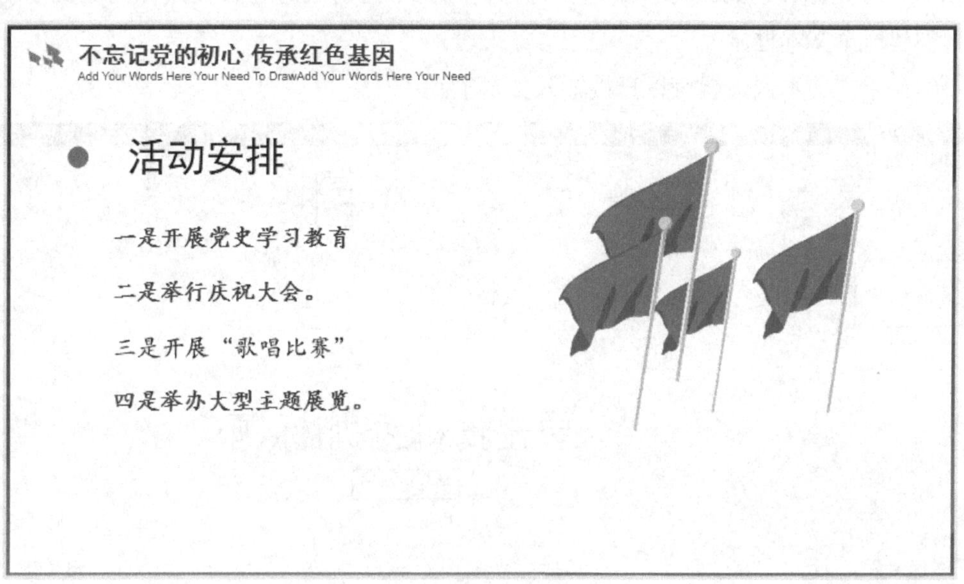

图 3-12　活动安排

任务分析

如果要创建出精美的演示文稿，首先需要了解一些关于文本的基础操作，包括输入、编辑文本，设置文本和段落格式，插入艺术字和文本框等。通过本任务对幻灯片文字设置的基本操作的讲解，要求掌握添加文本、特殊符号，美化文字和设置段落格式等基本操作。

任务实施

3.3.1　添加文本

在普通视图中，当创建了一张幻灯片后，幻灯片会出现“单击此处添加标题”或“单击此处添加文本”等提示文本框。这种文本框统称为“文本占位符”。在“文本占位符”中输入文本是最基本、最方便的一种输入方式。在“文本占位符”上单击即可输入文本。幻灯片中“文本占位符”的位置是固定的。

如果想在幻灯片的其他位置输入文本，可以通过绘制一个新的文本框来实现。在插入和设置文本框后，就可以在文本框中进行文本的输入了，如图 3-13 所示，操作方法如下：

（1）单击“插入”选项卡。

（2）在“文本”选项组中单击“文本框”按钮。

（3）将光标移动到幻灯片中，当光标变为向下的箭头时，按住鼠标左键并拖动，即可创建一个文本框。

（4）单击文本框，就可以直接输入文本了。

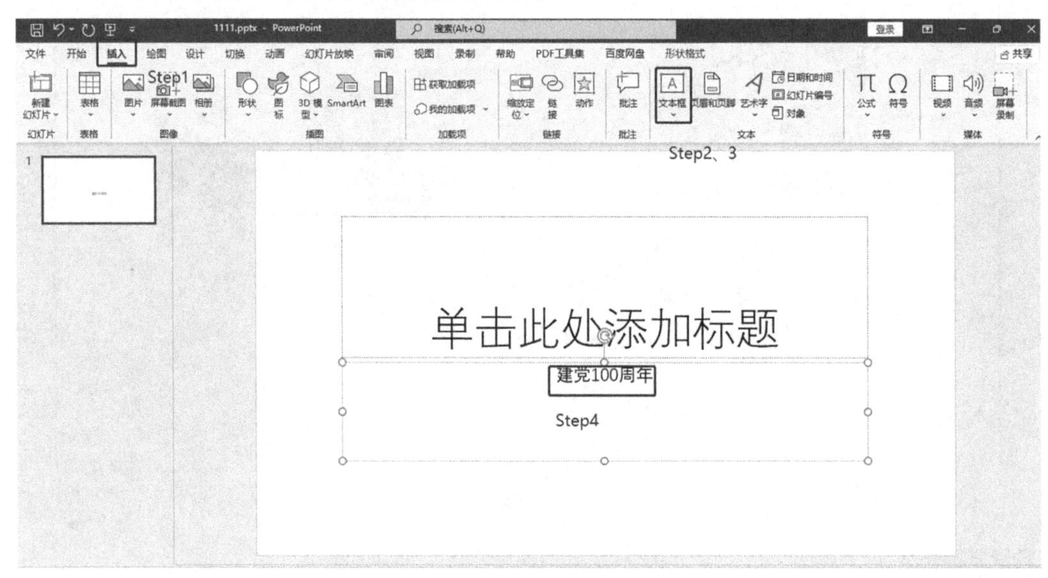

图 3-13　在幻灯片中新建文本框

3.3.2　段落格式设置

段落格式包括对齐方式、段落缩进、段间距、行距、添加项目符号或编号及文字方向等。

段落对齐方式包括左对齐、右对齐、居中对齐、两端对齐和分散对齐等几种。

段落缩进指的是段落中的行相对于页面左边界或右边界的位置，段落文本缩进的方式有首行缩进和悬挂缩进两种。

段落行距包括段前距、段后距和行距等。段前距和段后距指的是当前段与上一段或下一段之间的间距，行距指的是段内各行之间的距离，如图 3-14 所示。

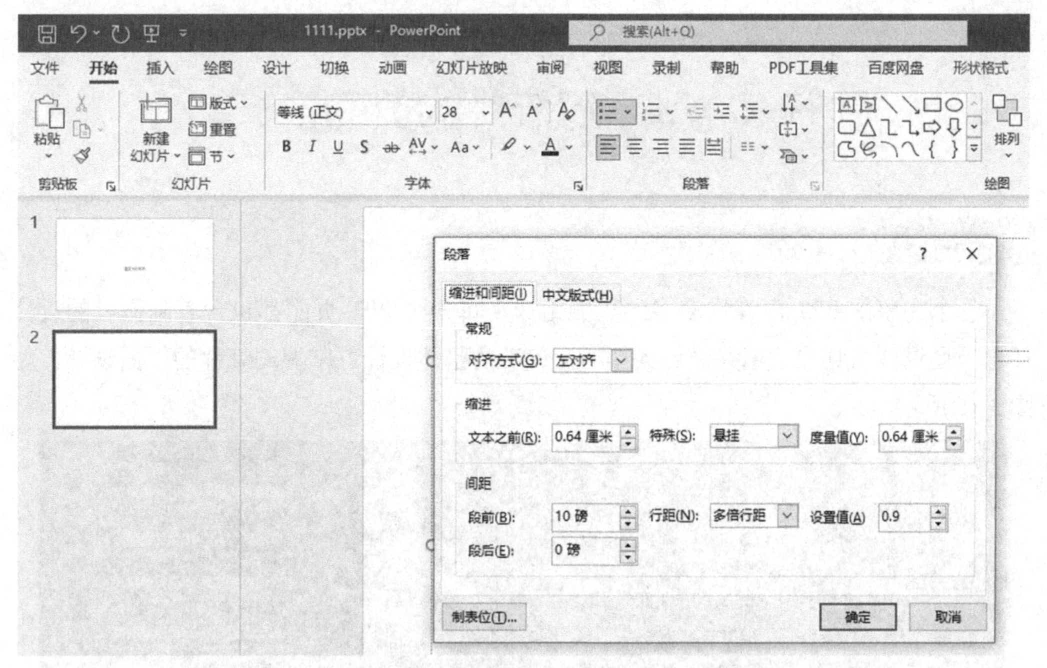

图 3-14　段落格式设置

添加项目符号或编号是美化幻灯片的一个重要手段，精美的项目符号、统一的编号样式可以使单调的文本内容变得更生动、专业。选中需设计的文本，单击“编号”按钮，从中选择需要的编号类型，如图 3-15 所示。

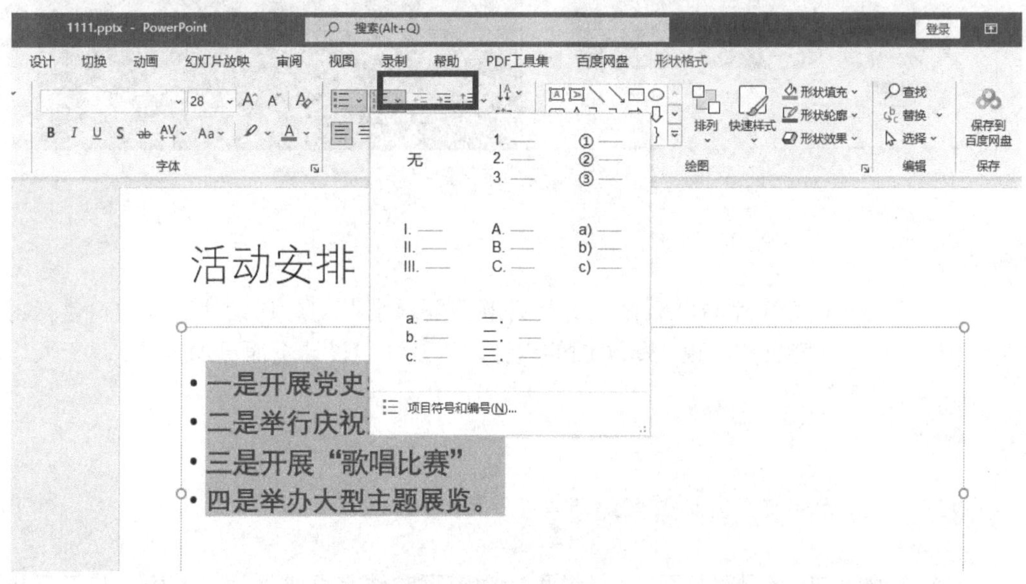

图 3-15　添加项目符号或编号

任务 3.4　幻灯片的页面设计

任务描述

一个完整的 PPT 由许许多多的页面组成，每一个 PPT 页面都包含着制作者的设计理念。通过《从党史读懂共产党的初心》PPT 的整体设计，掌握幻灯片的页面设计，如图 3-16 所示。

图 3-16　《从党史读懂共产党的初心》整体效果

任务分析

本任务通过对幻灯片的页面设计进行讲解，要求掌握幻灯片设计过程中对包括封面页、目录页、内容页和结束页等页面的设计，以及如何设计页面更加美观。

任务实施

3.4.1　PPT 封面页的设计

一个完整的 PPT 包括封面页、目录页、内容页和结束页等页面。其中，封面页作为 PPT 的起始页，是决定演示效果的关键。因此，在 PPT 页面设计中，封面页的设计非常重要。一个好的封面展示能起到吸引观众注意力、引起观众共鸣的作用。

封面页的主要要素有封面背景、标题文本、视觉效果，如图 3-17 所示。

图 3-17　封面页

3.4.2　PPT 标题文本的设计

为 PPT 封面页添加漂亮的图片、有创意的设计或是震撼的特效，这些虽然都很重要，但却不是重点。好的封面页，设计的重点在于取一个具有能够吸引关注的标题。取标题的思考角度可以是：突出主题、提供解决方案或期许，或者标题能一语“双关”。

3.4.3　PPT 目录页的设计

PPT 中的目录页用于告诉观众整个 PPT 的逻辑结构和内容框架。一个好的 PPT 目录能够清晰地表达内容从总到分的逻辑过渡，能让观众了解到整个 PPT 的内容框架，从而达到更好的演示效果。

1. 目录页的组成元素

目录页可以分为三部分，即目录标识、序号和章节标题。

2. 目录页的设计原则

由于目录页中的内容起提纲挈领的作用，故在页面设计上需要遵循两个原则：一是不要把标题都放在一个文本框中，要做到版式统一；二是等距对齐。

3. 目录页的常见布局

PPT 目录页要根据 PPT 的整体风格、所使用的元素来设计。图 3-18 所示的是几个常见的目录页设计布局：斜切布局、左右布局、上下布局、卡片布局、创意布局。

图 3-18　目录页

3.4.4　PPT 内容页的设计

内容页用于承载 PPT 的核心内容，内容页排版的方法与技巧将在任务 3.5（美化幻灯片）中讲解。下面将简单介绍几种 PPT 中常见内容页的设计细节和技巧。

在 PPT 内容页的设计中，决定页面效果的关键因素是排版。首先在页面的版式框架方面，要应用布局（上下布局、左右布局等）来组织内容，如图 3-19 所示，其次要对以下元素进行设计：

✧ 标题和正文字号的选择、标题文字的间距；

✧ 主/副标题的间距和修饰；

✧ 大段文本的排版；

✧ 图片细节的统一。

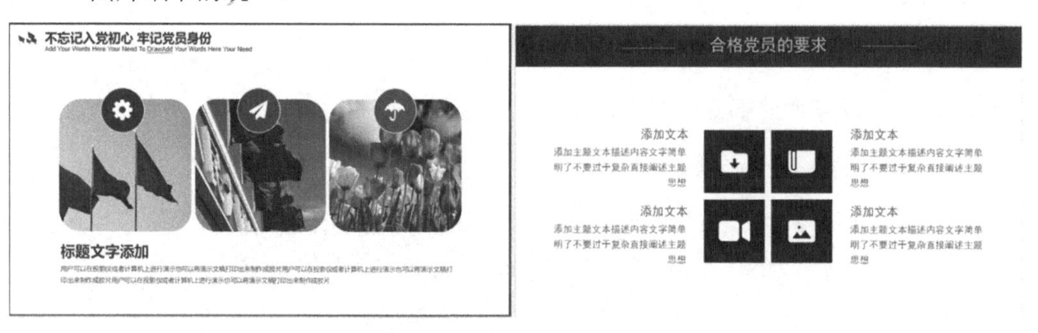

图 3-19　内容页应用布局

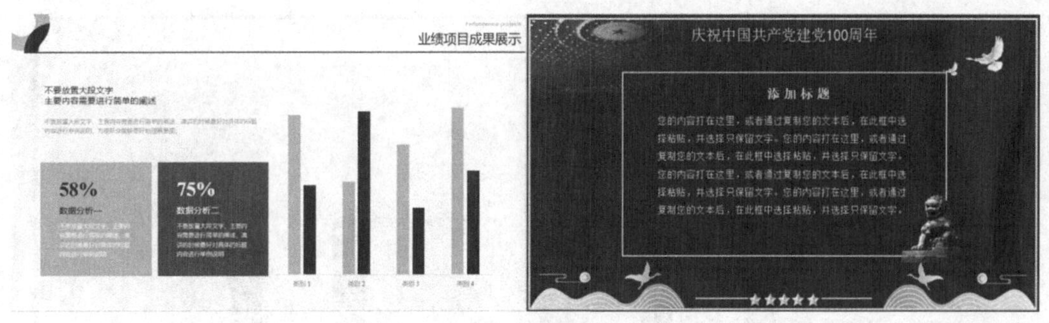

图 3-19　内容页应用布局（续）

3.4.5　PPT 结束页的设计

完整的 PPT，除了要有一个吸人眼球的封面外，精彩的结束页也能为整体设计增色。因为在一场演讲中，一个好的结尾可以起到画龙点睛的作用。

结束页通常有以下几种风格类型，在实际工作中可以根据自己的 PPT 设计需求进行选择：表达感谢、留下联系方式、观点总结、强化主题，如图 3-20 所示。

图 3-20　结束页示例

任务 3.5　美化幻灯片

任务描述

制作《从党史中读懂共产党的初心》PPT 的内容页，插入图片和图表，如图 3-21 所示。

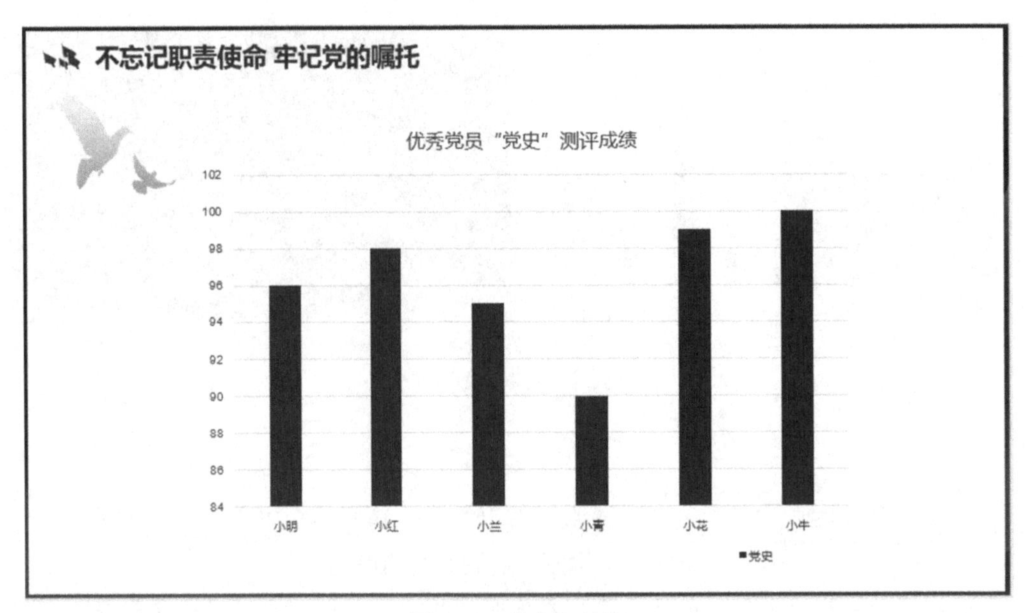

图 3-21　美化幻灯片

任务分析

在制作幻灯片时，适当插入一些图片或视频，可以使制作的幻灯片更生动、形象、美观，从而增强了演示文稿的表现力。图表在幻灯片中起了很大的作用，它能使大量的统计资料系统化、条理化，因而能更加清晰地表述统计资料的内容。此外，插入超链接也可为对象增加交互式动作。

通过本任务对幻灯片的编辑讲解，要求掌握在幻灯片中插入图片、视频、音频、图表及超链接的方法，使幻灯片内容呈现效果更加丰富。

任务实施

3.5.1　插入图片

在 PowerPoint 2021 中有多种插入图片的方式，如插入本地图片、联机图片。在“插入”选项卡中单击“图片”按钮，在打开的下拉列表中选择相关命令可以插入相关图片，也可以直接复制图片将其粘贴至幻灯片页面中来插入图片，如图 3-22 所示。具体方法介绍如下。

（1）要插入自己的图片：依次单击“插入”选项卡→“图像”组→“图片”按钮→“此设备”，在打开的对话框中选择相关图片插入。

（2）要插入一张联机图片：依次单击“插入”选项卡→“图像”组→“图片”→“联机图片”。

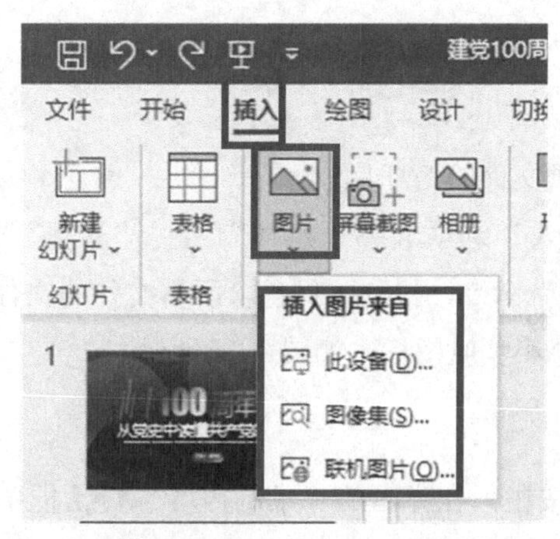

图 3-22　插入图片

如果要调整图片大小或为其应用特殊效果，则首先在幻灯片上选择该图片，“图片格式”选项卡将出现在功能区中，然后使用该选项卡上的按钮和选项来处理图片。用户可以将图片的边缘设置为直的或弯曲的、应用阴影或发光效果、添加彩色边框、裁剪图片或设置图片大小等，如图 3-23 所示。

图 3-23　图片格式

3.5.2　插入音频和视频

为防止可能出现的链接问题，最好在添加到演示文稿之前将音频和视频文件复制到演示文稿所在的文件夹。

1. 添加音频

具体操作步骤如下：

（1）单击要添加音频文件的幻灯片。

（2）依次单击“插入”选项卡→“媒体”组→“音频”下拉按钮，弹出下拉列表，选择“PC 上的视频”命令，找到本机包含所需文件的文件夹，然后双击要添加的文件，PPT 中将出现一个小喇叭图标，如图 3-24 所示。

2. 添加录制音频

单击“录制音频”按钮，在弹出的“录制声音”对话框中，按提示录制音频，然后单击“确定”按钮，将其添加到幻灯片中。

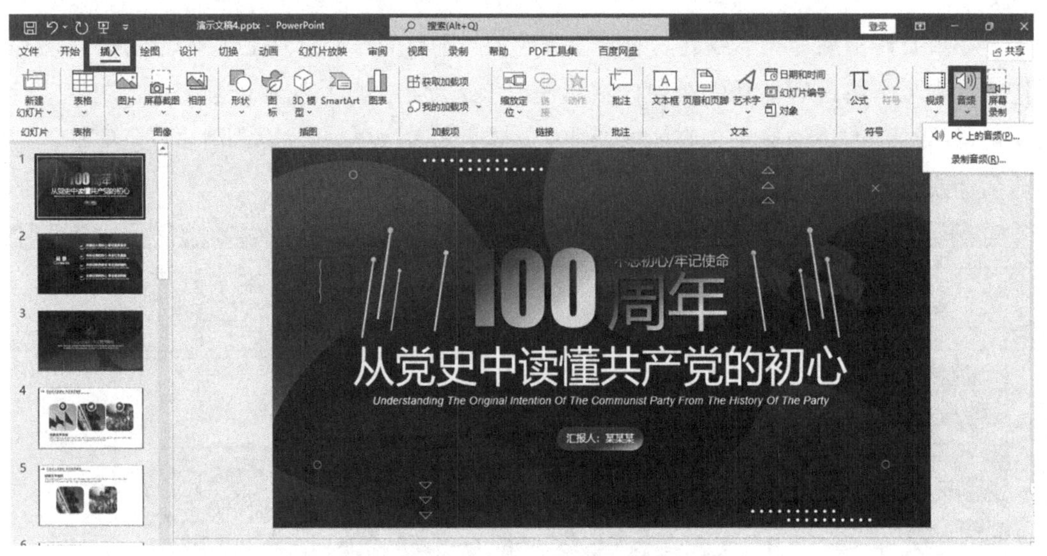

图 3-24　插入音频

3. 插入视频

具体操作步骤如下：

（1）单击要添加视频文件的幻灯片。

（2）依次单击“插入”选项卡→“媒体”组→“视频”下拉按钮，在下拉列表中，选择“此设备”“库存视频”“联机视频”命令中的一个，找到所需文件，然后双击要添加的文件即可，如图 3-25 所示。

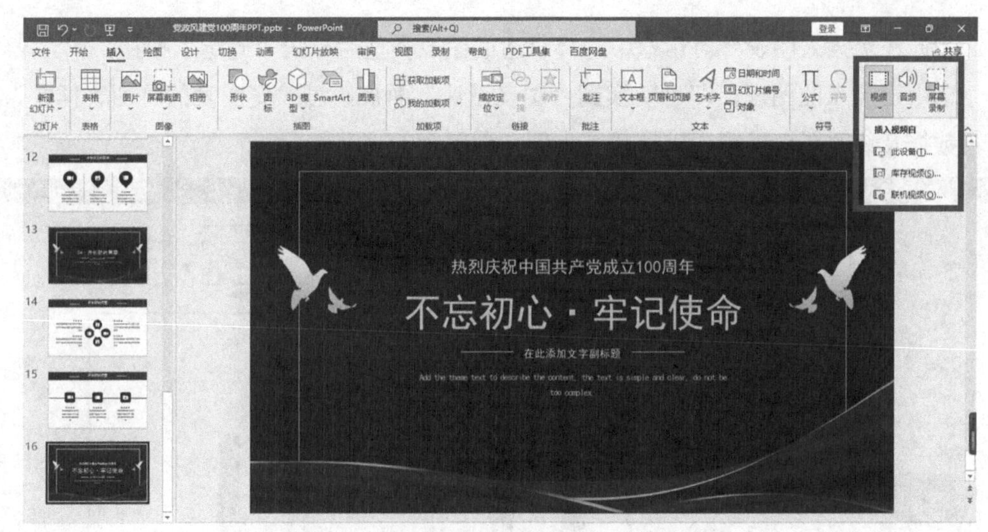

图 3-25　插入视频

3.5.3　插入图表

图表在幻灯片中起了很大的作用，它能使大量的统计资料系统化、条理化，因而能更加清晰地表述统计资料的内容；利用统计表易于检查数字的完整性（是否有遗漏）和正确性；生动、形象、直观的图表与文字数据相比更容易让人理解，在幻灯片中插入图表可以使幻灯片的显示效果更加清晰，使阅读者一目了然。

具体步骤如下：

（1）单击“插入”选项卡→“图表”按钮，弹出“插入图表”对话框，如图 3-26 所示。

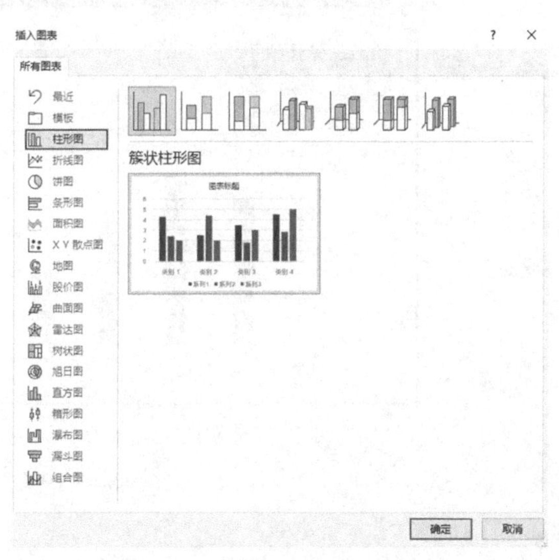

图 3-26　“插入图表”对话框

（2）在“插入图表”对话框中选择合适的图表类型后单击“确定”按钮。

选中已插入的图表，即可切换到“图表设计”面板，可改变图表的“图表样式”、编辑数据及修改图表类型，以柱状图为例，如图 3-27 所示。

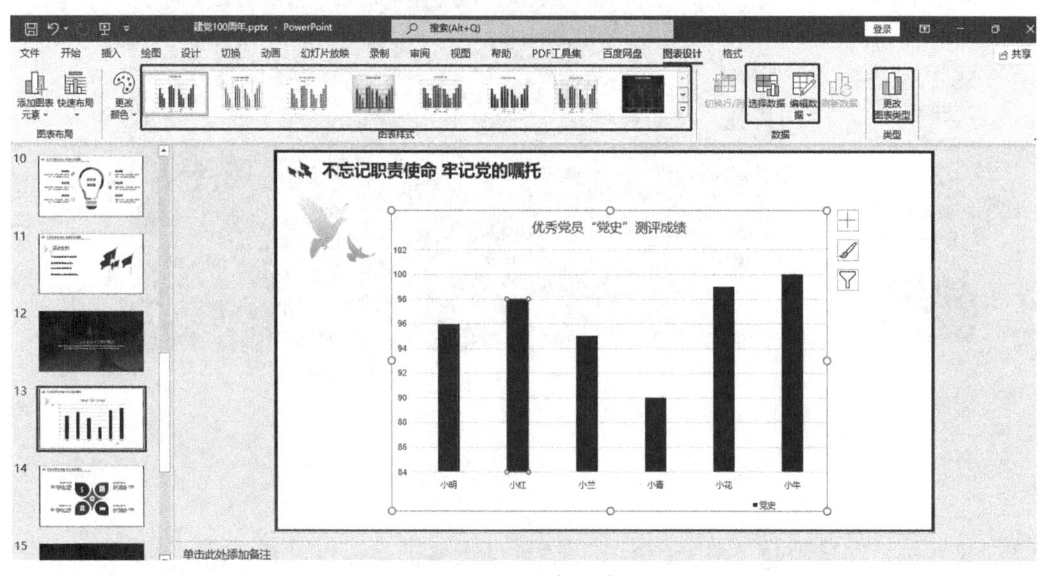

图 3-27 图表设计

改变图表的“图表样式”和修改图表类型操作简单，在此不做过多赘述。相对而言，对图表中的数据进行编辑则是常见的操作，具体操作如下：

单击“编辑数据”按钮，在下拉列表中选择“编辑数据”或“在 Excel 中编辑数据”命令，接着会打开对应的表格，则可完成对应数据的修改，如图 3-28 所示。

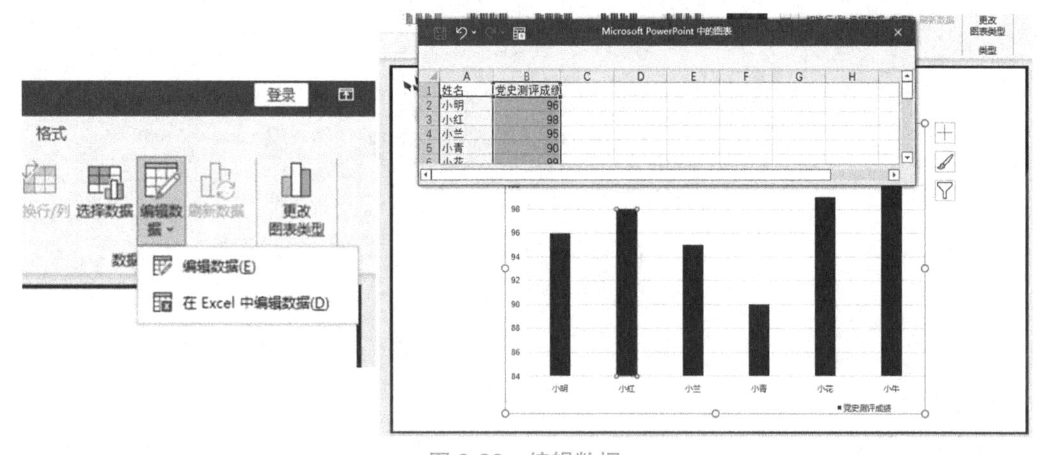

图 3-28 编辑数据

3.5.4 插入超链接

选中需要添加超链接的文字、图片、图形等对象，依次单击“插入”选项卡→“链接”，此时会弹出“插入超链接”对话框，如图 3-29 所示，可以链接到现有文件或网页、本文档中的位置、新建文档和电子邮件地址。

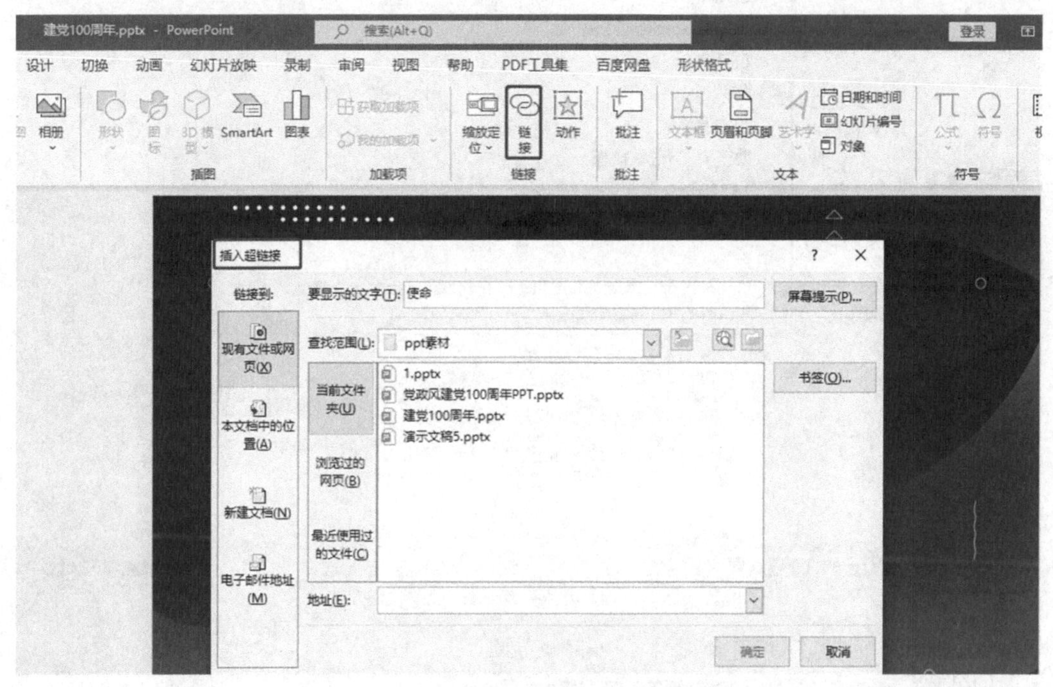

图 3-29 “插入超链接”对话框

1. 链接到现有文件或网页

（1）链接到现有文件

在“插入超链接”对话框中选择“现有文件或网页”，在“查找范围”处选择合适的路径，并单击需要链接的文件即可，如图 3-30 所示。

（2）链接到网页

在“插入超链接”对话框中单击“现有文件或网页”，在对话框下方的“地址”处输入需要链接到的网址即可，如图 3-31 所示。

2. 链接到本文档中的位置

在“插入超链接”对话框中选择“本文档中的位置”，再从右边的列表中选择需要链接到的幻灯片即可，如图 3-32 所示。

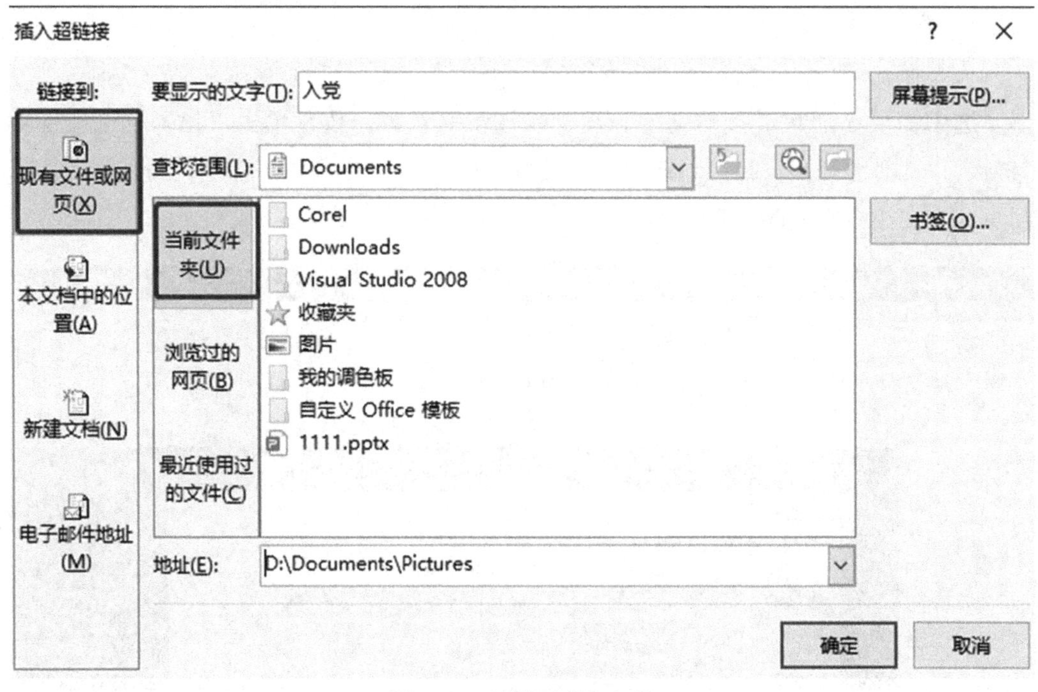

图 3-30　链接到现有文件

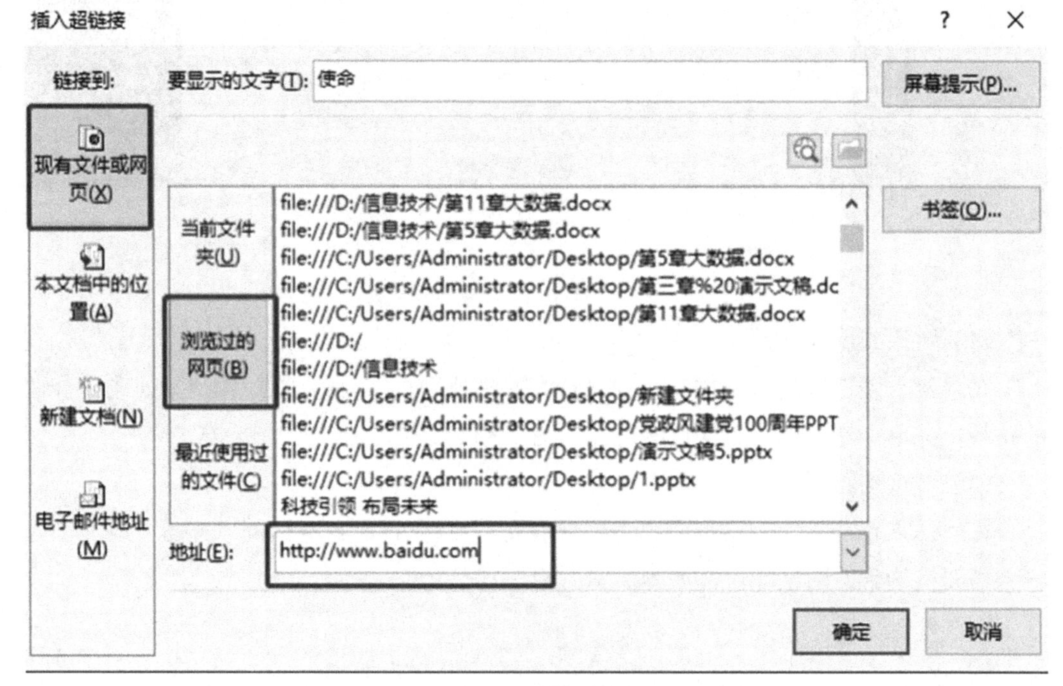

图 3-31　链接到网页

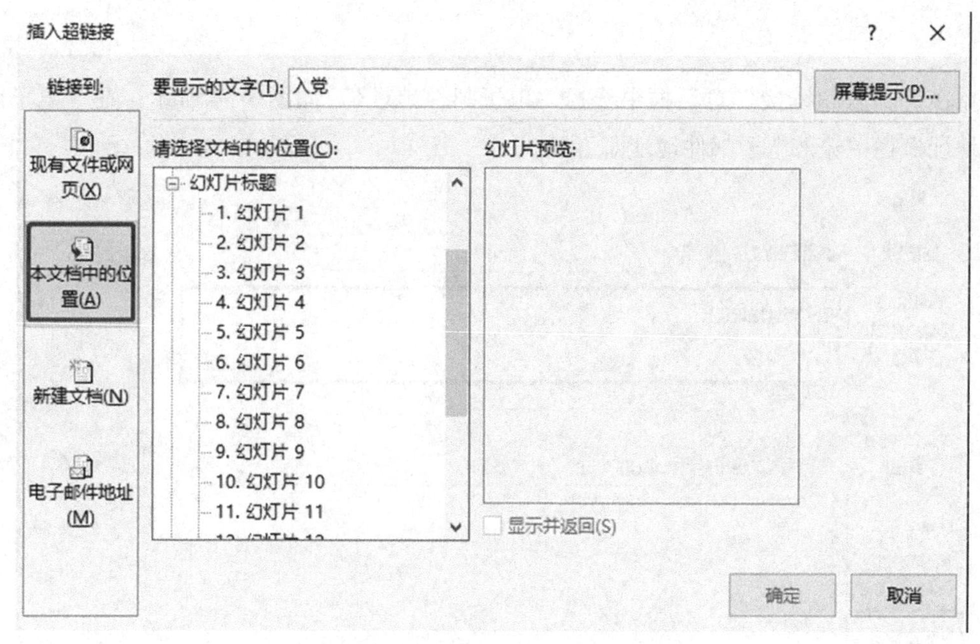

图 3-32　链接到本文档中的位置

3. 链接到新建文档

在“插入超链接”对话框中选择“新建文档”，如图 3-33 所示，可以输入新建文档的名称，还可以选择是“开始编辑新文档”还是“以后再编辑新文档”。

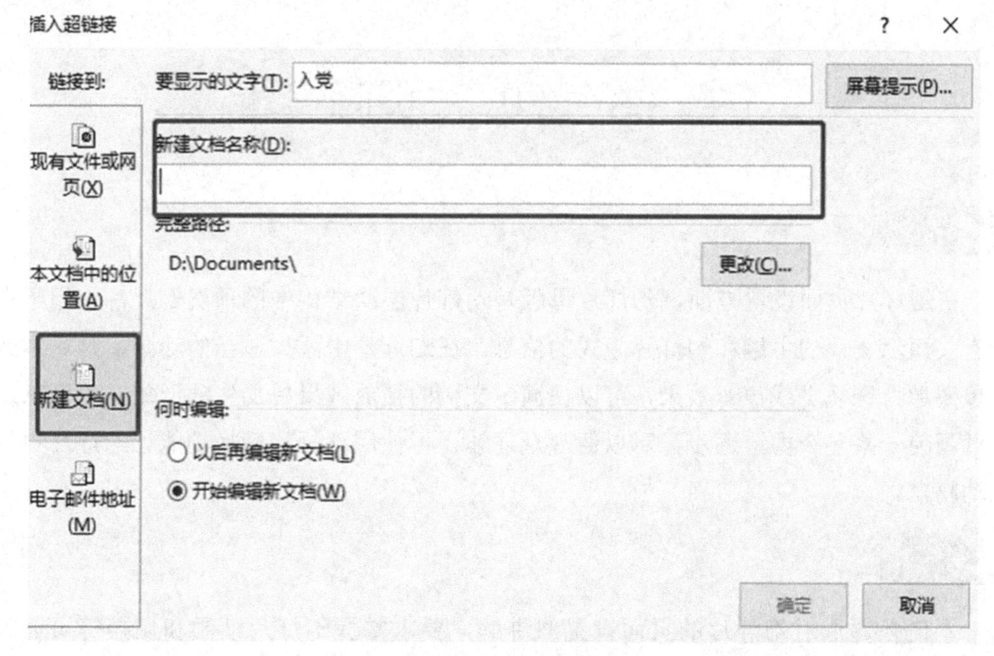

图 3-33　链接到新建文档

4. 链接到电子邮件地址

在“插入超链接”对话框中选择“电子邮件地址”，如图 3-34 所示，在“电子邮件地址”栏中输入电子邮件地址即可。

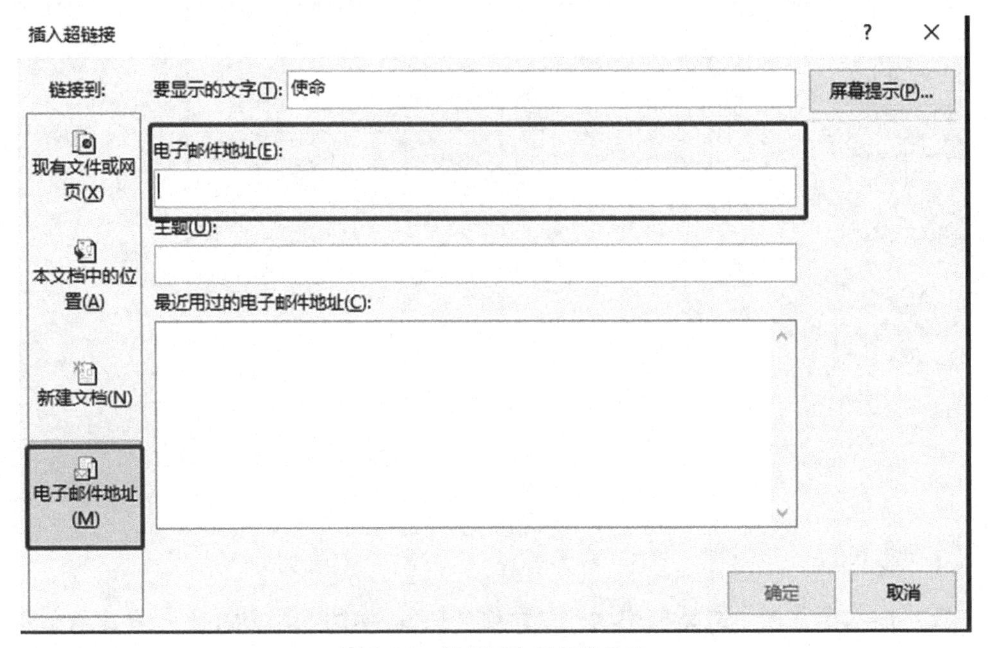

图 3-34　链接到电子邮件地址

任务 3.6　幻灯片页面设置

任务描述

在幻灯片页面设置方面，幻灯片母版是幻灯片层次结构中的顶层幻灯片，用于存储有关演示文稿的主题和幻灯片版式的信息。在幻灯片中添加适当的动画，给文本或对象添加特殊视觉或声音效果，可以使演示文稿的播放效果更加生动形象，也可以通过动画使一些复杂内容逐步显示以便观众理解，再使用动画和切换功能让幻灯片更加生动起来。

任务分析

本任务通过对幻灯片的页面设置的讲解，要求掌握幻灯片动画和切换等页面设置，使演示文稿的播放效果更加生动有趣。

任务实施

3.6.1　编辑母版

每个演示文稿至少包含一个幻灯片母版。修改和使用幻灯片母版的主要优点是可以对演示文稿中的每张幻灯片内容、背景、配色和文字格式设置等统一化（包括以后添加到演示文稿中的幻灯片）。使用幻灯片母版后，无须在多张幻灯片上重复键入相同的信息，可以快速制作出多张具有共同特色的幻灯片，这样可以为用户节省很多时间，同时也便于让整个演示文稿的效果保持统一。

1. 母版的结构

单击“视图”选项卡下“母版视图”组中的“幻灯片母版”按钮，即可进入幻灯片母版视图页面，如图 3-35 所示。母版视图中主要包含“幻灯片母版”选项卡、讲义母版、备注母版等基本组成。

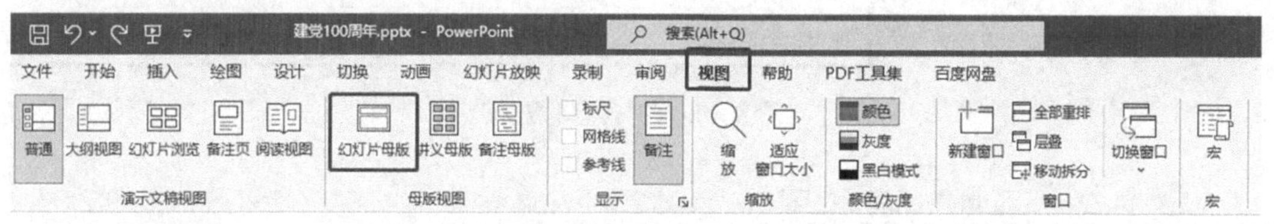

图 3-35　“幻灯片母版”按钮

2. 幻灯片母版操作方法

具体步骤如下：

（1）打开 PowerPoint 2021，在 PPT 窗口中选择任意一张幻灯片。

（2）依次单击“视图”选项卡→“母版视图”选项组→“幻灯片母版”按钮，打开幻灯片母版视图如图 3-36 所示。

（3）在“幻灯片母版”视图下可修改母版，包括修改首页、内页、尾页的背景、版式图片、文字、页眉、页脚、日期时间等。

（4）完成编辑母版后，单击“关闭母版视图”按钮，退出母版视图。母版设计的内容将显示到该 PPT 内所有的幻灯片中。

✻知识拓展

想要编辑母版视图中设计的内容，则需要重新进入母版视图才能修改。进入母版视图的方法与上面步骤（2）相同。

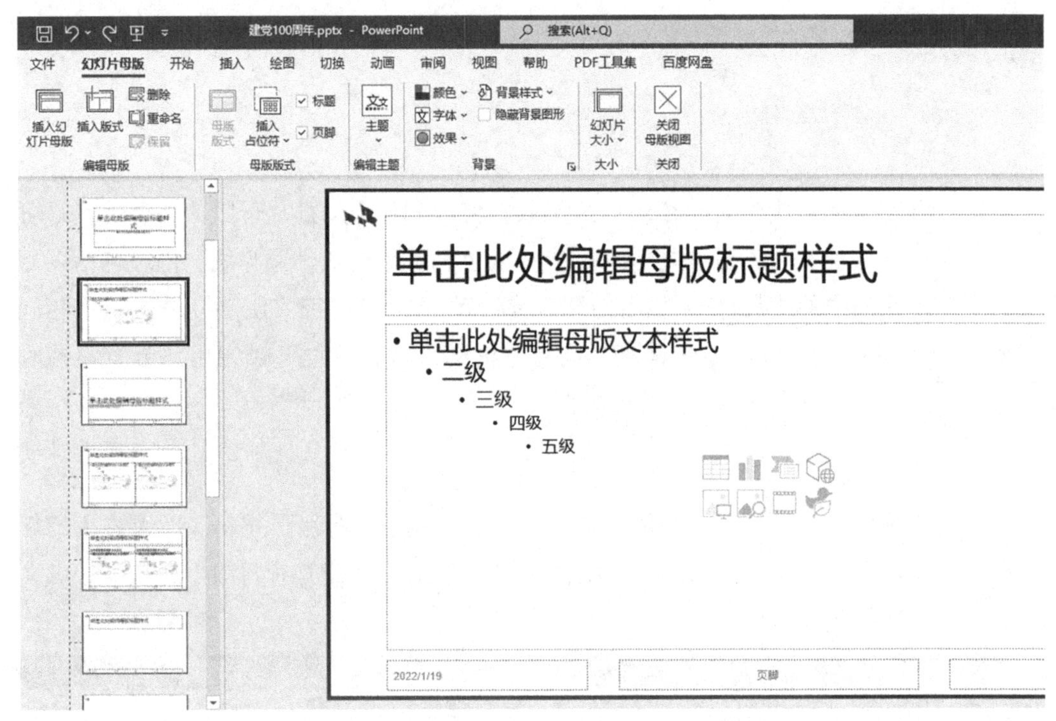

图 3-36　幻灯片母版视图

3.6.2　添加动画效果

在 PPT 中添加动画效果，会让幻灯片更加生动、更具有吸引力。

PPT 中的动画可以分为以下 4 类：“进入”动画“退出”动画“强调”动画和“动作路径”。

在“动画”选项卡中，有“预览”“动画”“高级动画”和“计时”4 个选项组，进行相关设置后可实现完美的动画效果，如图 3-37 所示。

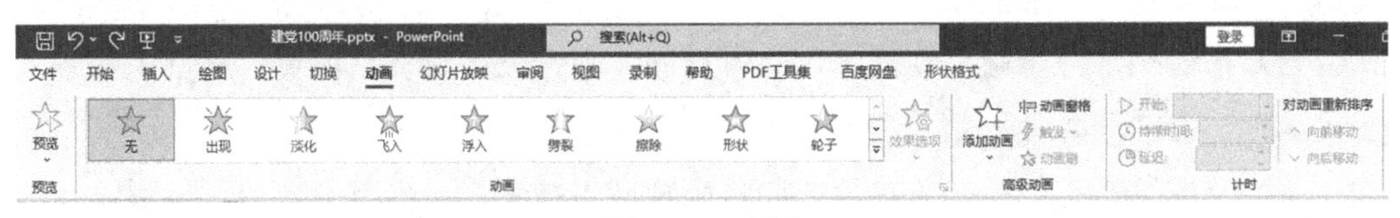

图 3-37　动画

为文字或图片添加一个进入的动画，具体操作步骤如下：

① 打开 PPT，选中需要添加动画的文字或图片。

② 单击“动画”选项卡，为文字添加“进入”动画为“飞入”。

③ 单击“动画”选项卡下“高级动画”选项组中的“动画窗格”按钮，在窗口右侧出现“动画窗格”窗口，如图 3-38 所示。

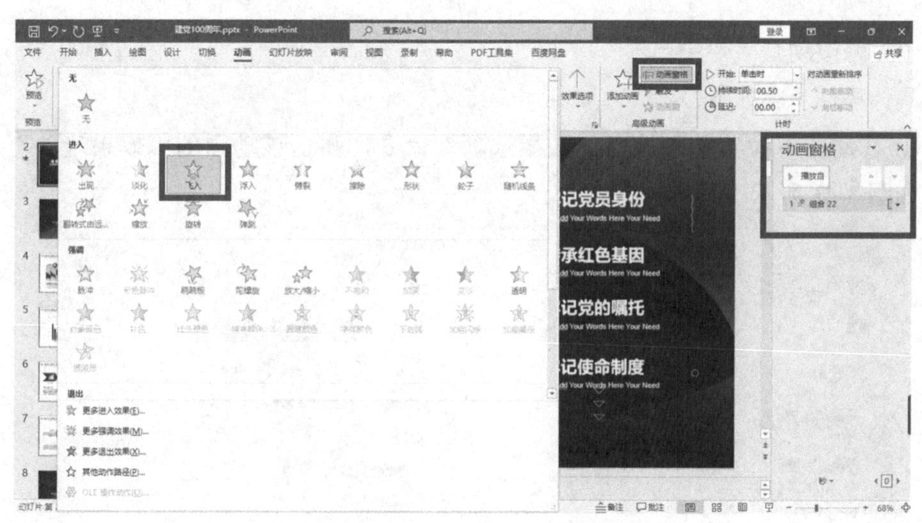

图 3-38　“动画窗格”窗口

“动画窗格”窗口中列出了可添加的所有的动画，如图 3-38 所示，可以完成以下操作。

（1）改变动画进入的次序

具体操作步骤如下：

① 选择需要调整的动画。

② 单击窗口底部“重新排序”两侧的“向上”箭头和“向下”箭头，把所选择的动画上移则提前进入，下移则后进入，如图 3-39 所示。

（2）删除动画

① 选择不需要的动画。

② 按下键盘上的【Delete】键可删除动画，或单击“动画窗格”窗口中该动画后面的箭头，展开动画下拉菜单，如图 3-40 所示，在该菜单中选择“删除”命令也可删除动画。

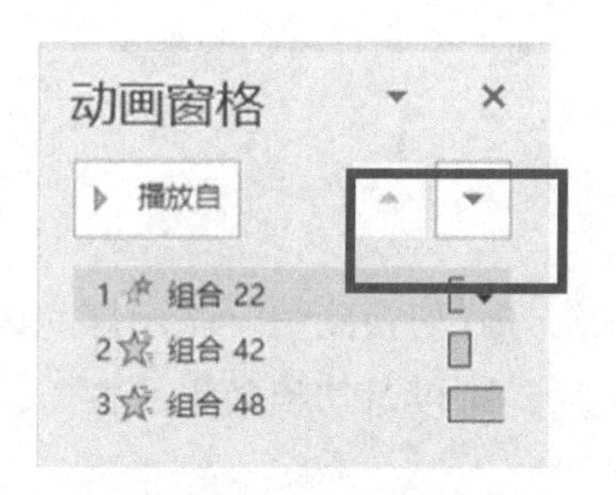

图 3-39　动画窗格

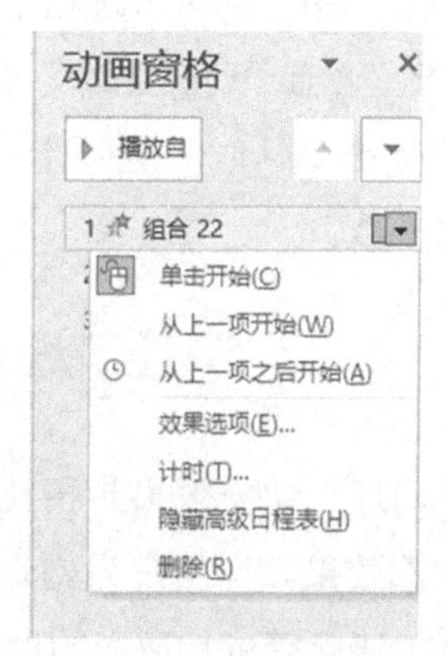

图 3-40　删除动画

（3）修改动画“效果选项”

具体操作步骤如下：

① 在动画下拉菜单中选择“效果选项”命令，弹出该动画的“效果选项”对话框，如图 3-41 所示。

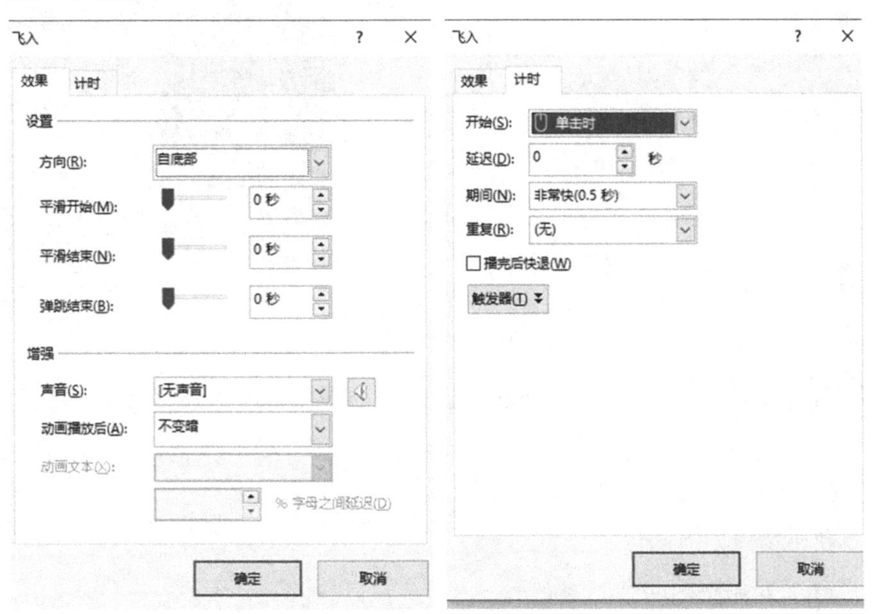

图 3-41　修改动画“效果选项”

② 在“效果”选项卡中，设置动画入场“方向”为自底部、自顶部、自左侧、自右侧、自左下部、自右下部、自左上部、自右上部中的一个。另外可设置平滑开始、平滑结束、弹跳结束的时间。

③ 在“效果”选项卡的“增强”选项组中，设置播放时的“声音”、动画播放后的效果，包括“颜色”和“播放后隐藏”等。

④ 选中“计时”选项卡，设置动画开始时的条件，可设置为“单击时”“与上一动画同时”“上一动画之后”播放动画。

⑤ 在“计时”选项卡中，还可设置动画延迟时间、动画播放时的时间和重复播放的次数。

3.6.3　设置幻灯片切换效果

幻灯片切换效果是指在演示期间，从一张幻灯片切换到另一张幻灯片这个过程中的动态效果。当用户为幻灯片添加了切换效果后，可以对切换效果的方向、切换时的声音、速度等进行适当的设置。

1. 设置切换效果

具体步骤如下：

（1）单击“切换”选项卡。

（2）单击“切换到此幻灯片”组的下三角，显示系统提供的切换效果，主要分为细微型、华丽型等，如图 3-42 所示。

图 3-42　切换效果

2. 设置声音和时间

在“切换”选项卡下的最右侧是“计时”选项组，在该选项组中可为幻灯片切入设置声音和时间，如图 3-43 所示。

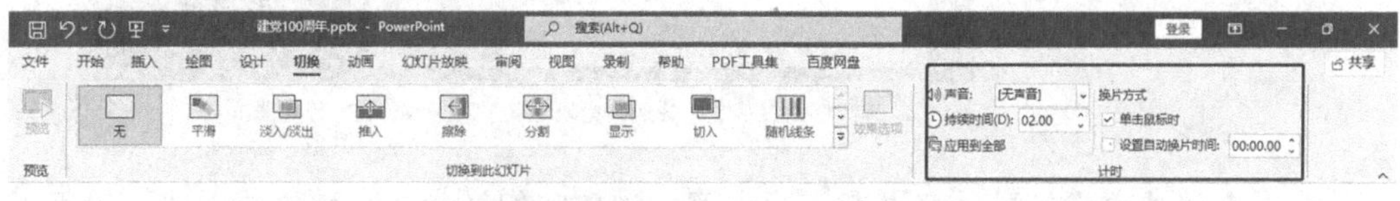

图 3-43　设置切换声音和时间

任务 3.7 幻灯片放映

任务描述

制作好的幻灯片通过检查之后就可以直接进行播放了，通过该任务的学习要求掌握幻灯片播放的方法与技巧并灵活使用。

任务分析

本任务通过对幻灯片放映的讲解，要求掌握幻灯片的放映方式、如何放映幻灯片、为幻灯片添加注释等设置。

任务实施

3.7.1 幻灯片放映方式

在 PowerPoint 2021 中，幻灯片的放映方式包括演讲者放映（全屏幕）、观众自行浏览（窗口）和在展台浏览（全屏幕）3 种，设置方法如图 3-44 所示。

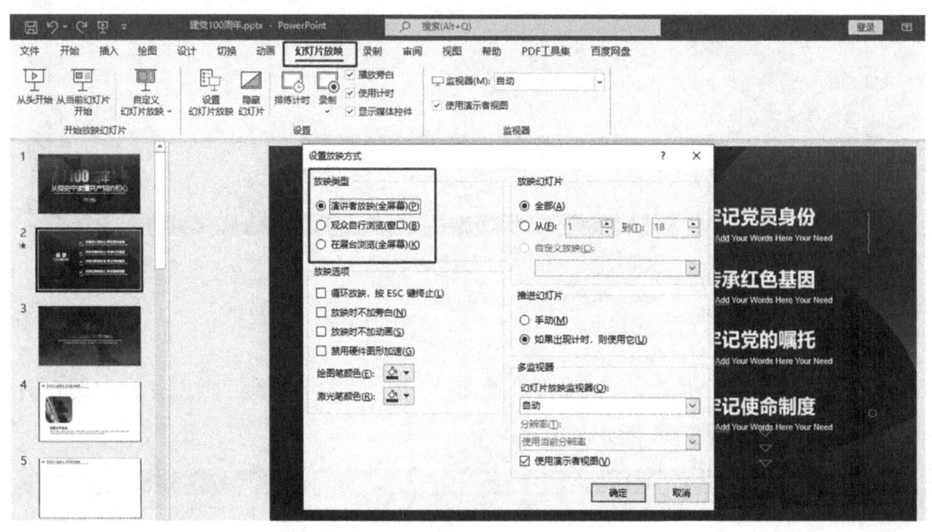

图 3-44 幻灯片放映方式

演讲者放映方式是指由演讲者一边讲解一边放映幻灯片，这种放映方式一般用于比较正式的场合，如学术报告、专题讲座等。观众自行浏览方式是指由观众自己操作计算机观看幻灯片。在展台浏览方式是指在展览会或类似场合，让幻灯片自动放映而不需要演讲者操作。

3.7.2　放映幻灯片

在“幻灯片放映”选项卡中列出了放映幻灯片的工具按钮，如图 3-45 所示，具体步骤如下：

（1）单击“从头开始”按钮，可以从第一张幻灯片开始放映。

（2）单击“从当前幻灯片开始”按钮，可以从当前选中的幻灯片开始放映。

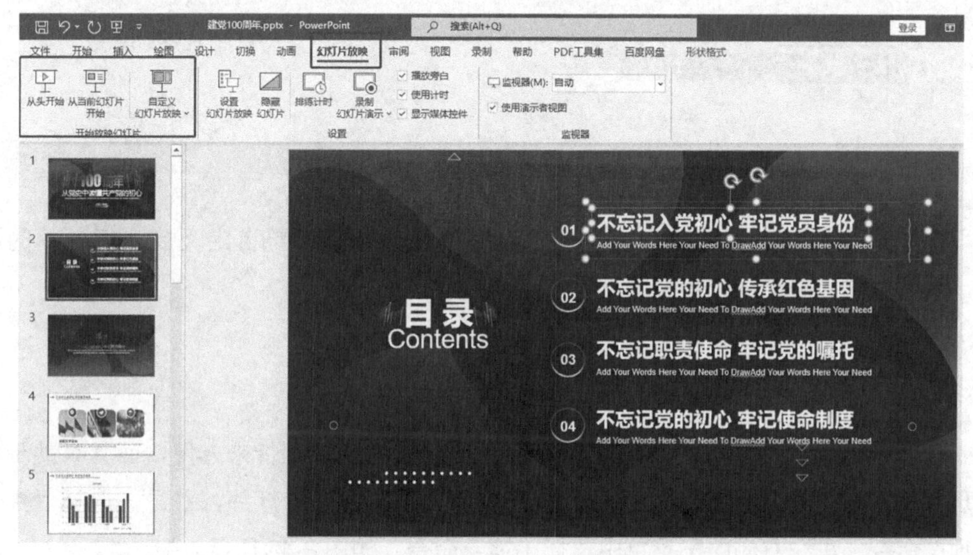

图 3-45　放映幻灯片

幻灯片的自定义放映，步骤如下：

（1）单击“自定义幻灯片放映”按钮，弹出“自定义放映”对话框，如图 3-46 所示。

图 3-46　“自定义放映”对话框

（2）在“自定义放映”对话框中单击“新建”按钮会弹出“定义自定义放映”对话框。

（3）在“定义自定义放映”对话框的左侧显示“在演示文稿中的幻灯片”，在列表中选择要播放的幻灯片，单击“添加”按钮，被选中的幻灯片会被添加到“在自定义放映中的幻灯片”列表中，如图 3-47 所示。

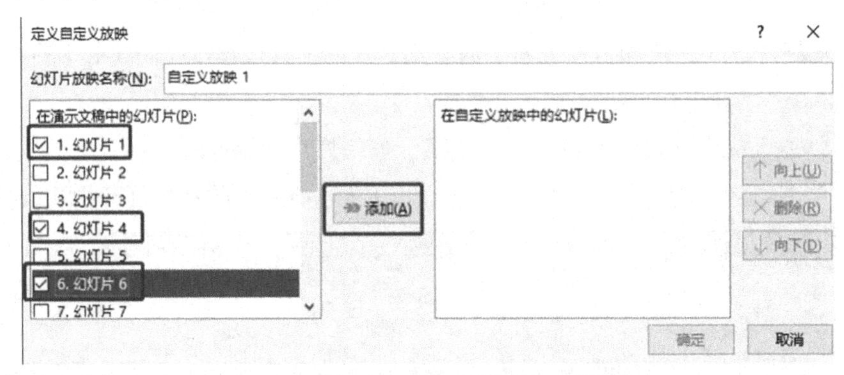

图 3-47 “定义自定义放映”对话框

（4）单击列表右侧的“向上”和“向下”按钮可以调整自定义放映幻灯片的次序。最后单击“确定”按钮完成设置。

3.7.3 为幻灯片添加注释

在演示过程中向幻灯片添加注释内容，不但能为演讲者带来方便，而且有助于观众更好地了解幻灯片所传达的意思。打开演示文稿，放映幻灯片，右击，选择“指针选项”命令，再在右侧的子菜单中选择“笔”命令，如图 3-48 所示。

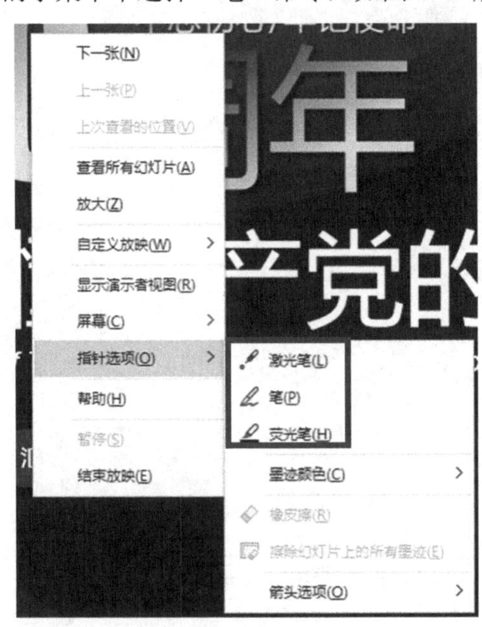

图 3-48 添加注释

当鼠标指针变成一个点时，就可以在幻灯片中添加注释了，比如可以在幻灯片中写字、画图、标记重点等。

在幻灯片中标注错误时，或是幻灯片讲解结束时，还可以将注释消除。在放映幻灯片有注释的地方，利用“橡皮擦”直接擦除即可，如图 3-49 所示。

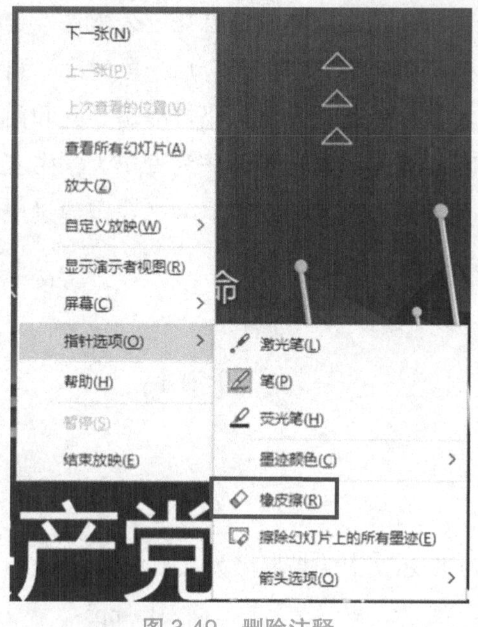

图 3-49　删除注释

本章小结与课程思政

本章主要介绍了演示文稿的基础操作、幻灯片基本编辑、幻灯片中的文字设置、幻灯片的页面设计、幻灯片页面设置及幻灯片放映等内容。

一个优秀的 PPT 能给作者和观众带来双重的成功和收获，使用几页 PPT 就能展示文档的要点。我们可以在 PPT 中插入文字、图片、视频、音频、表格、教学用的公式、页码、超链接等，其中日常用的较多的是插入文字、图片和形状。除了 PowerPoint 中自带的模板，我们也可以试着自己设计一些模板，或者上网找一些专业的设计模板，这样也会让整个 PPT 增色不少。PPT 中适量地使用动画和切换，可以起到画龙点睛的作用，但盲目的使用很容易让人眼花缭乱，对于主题也没有帮助。

纵观人类发展历史，科技创新始终是一个国家、一个民族发展的重要力量，也始终是推动人类社会进步的重要力量。自改革开放特别是党的十八大以来，在全国科技界和社会各界共同努力下，我国科技事业密集发力、加速跨越，实现了历史性、整体性重大变化，重大创新成果竞相涌现，一些前沿方向开始进入并行、领跑阶段，科技实力实现了从量的积累向质的飞跃、从点的突破向系统能力提升，正在从世界上具有重要影响力的科技大国迈向世界科技强国。

值得一提的是，我国自主开发的 WPS Office 软件，一款办公软件套装，是集文字处理、电子表格、电子文档演示为一体的信息化办公软件，也逐渐受越来越多人的欢迎。这个成功的例子只是沧海一粟，当前及今后一段时期，科技创新必须担当起历史重任，以改革驱动创新，以创新驱动发展，坚持战略导向和问题导向，坚持一张蓝图绘到底，迈向建设世界科技强国的新征程。作为青年大学生应勇于创新，勇敢攀登科技高峰，增强着力攻克关键核心技术的意识，为把我国建设成为世界科技强国做出新的更大的贡献。

思考与训练

1. 选择题

（1）PowerPoint 2021 演示文稿的扩展名为（　　）。

A．ppt　　B．pps

C．pptx　　D．htm

（2）选择不连续的多张幻灯片，可借助（　　）键。

A．【Shift】　　B．【Ctrl】

C．【Tab】　　D．【Alt】

（3）下列（　　）不能在绘制的形状上添加文本，然后输入文本。

A．在形状上单击鼠标右键，选择“编辑文字”命令

B．使用“插入”选项卡中的“文本框”命令

C．只要在该形状上单击

D．单击该形状，然后按【Enter】键

（4）在 PowerPoint 2021 中，若为幻灯片中的对象设置“进入”效果，应选择（　　）。

A．自定义动画　　B．幻灯片放映

C．自定义　　D．幻灯片版式

（5）新建一个演示文稿时第一张幻灯片的默认版式是（　　）。

A．项目清单　　B．两栏文本

C．标题幻灯片　　　　　　　　　　　　D．空白

（6）在幻灯片视图窗格中，在状态栏中出现了“幻灯片 2 / 7”的文字，这表示（　　）。

A．共有 7 张幻灯片，目前只编辑了 2 张

B．共有 7 张幻灯片，目前显示的是第 2 张

C．共编辑了七分之二张的幻灯片

D．共有 9 张幻灯片，目前显示的是第 2 张

（7）幻灯片母版设置，可以起到（　　）的作用。

A．统一整套幻灯片的风格　　　　　　B．统一标题内容

C．统一图片内容　　　　　　　　　　D．统一页码内容

2．填空题

（1）幻灯片中占位符的作用是__________________。

（2）要在 PowerPoint 2021 中设置幻灯片动画，应在__________选项卡中进行操作。

（3）要在 PowerPoint 2021 中插入表格、图片、艺术字、视频、音频等，应在选项卡中进行操作。

3．操作题

（1）制作自我介绍演示文稿（个人简历.pptx）。

内容如下：

① 新建演示文稿，添加第一页（封面）的内容，要求如下：

❖ 标题为“个人简历”，文字分散对齐，字体为华文行楷，60 磅字，加粗。

❖ 副标题为本人姓名，文字居中对齐，字体为宋体，32 磅字，加粗。

② 添加演示文稿第二页的内容，要求如下：

❖ 在左侧使用项目符号编写个人简历。

❖ 在右侧插入一张剪贴画，并根据页面情况调整好图片的尺寸。

③ 添加演示文稿第三页的内容，要求在左侧使用项目符号编写个人学习经历。

④ 添加演示文稿第四页的内容，要求如下：

❖ 插入一张个人的课程成绩单。

❖ 将表格中第一行文字的字体加粗。

❖ 将成绩单中不合格的成绩用蓝色字体表示。

❖ 使表格中的所有内容呈“居中”对齐。

⑤ 播放此演示文稿，并将其保存。

（2）利用 PowerPoint 2021 制作宣传学校的演示文稿（学校简介.pptx）。

内容如下：

① 添加演示文稿第一页（封面）的内容，要求如下：

❖ 添加标题为“xx 学校”，文字分散对齐，宋体，48（磅）字，加粗，加阴影效果。

❖ 添加副标题为“制作日期”，文字居中对齐，宋体，32（磅）字，加粗。

❖ 插入学校的网址，并设置超链接到相应的主页。

❖ 插入本学校的校徽标志。

❖ 为学校的校徽标志设置动画播放效果：在单击后呈“缩放/放大”显示。

② 添加演示文稿第二页（学校简介）的内容，要求为文字设置动画播放效果：

❖ 在单击后要求按照第一层段落分组“从底部切入”。

③ 添加演示文稿第三页（介绍专业设置）的内容，要求如下：

❖ 为每个专业名称设置项目符号，符号颜色为红色。

❖ 插入校园风景图片。

④ 添加演示文稿第四页～第十页（各个专业的详细介绍）的内容，要求如下：

❖ 在每页中插入返回第三页的动作按钮。

⑤ 在第三页幻灯片中，为每个专业名称插入超链接。

⑥ 链接分别指向每个专业详细介绍的幻灯片（第四页～第十页）。

⑦ 在每页幻灯片的右上角位置加入幻灯片编号。编号字体为斜体，字号为 24（磅）。

⑧ 设置演示文稿的背景，背景效果自选即可。

⑨ 为幻灯片添加放映时的伴随音乐。

⑩ 设置演示文稿为“循环放映”方式。

⑪ 将演示文稿保存到磁盘中，文件名为“学校简介.pptx”。

第 4 章　信息检索

随着互联网技术的飞速发展，网络信息量也在不断增长，当大量信息如潮水般涌来时，掌握高效而快捷的检索方法，是现代信息社会对高素质技术技能人才的基本要求。通过本章的学习，要求我们不仅熟练使用常用的信息检索工具、信息检索方法，还应该掌握信息检索工具背后的基本原理和技术。

学习目标

- ◆ 了解信息检索的基本概念。
- ◆ 掌握搜索引擎的使用技巧。
- ◆ 熟悉信息检索专用平台。
- ◆ 检索新事物，探索新领域。

任务 4.1　信息检索概述

信息检索（Information Retrieval）是用户进行信息查询和获取的主要方式，是查找信息的方法和手段。信息检索包含信息存储和查找信息两个动作，信息首先需要按照一定数据结构存储起来，然后在这个信息集合中按照某种需求查找出有价值的信息。

任务描述

了解信息检索、信息检索系统的概念，熟悉信息检索的整个流程。

任务分析

通过学习信息检索的概念和检索流程，理解信息检索包括存储和检索两部分，理解信息检索系统的原理。

任务实施

4.1.1 信息检索的概念

“检索”一词源自英文“Retrieval”，其含义是“查找”。提到信息检索，大多数人理解的是利用检索工具在大量信息资料中查找或是搜索到相关信息，仅仅是信息的检索过程，这是对信息检索概念的一种狭义的认识。从广义上来说，信息检索还应包含信息存储，即信息检索由信息存储和检索两部分构成。

信息检索这一术语最早是由穆尔斯（Calvin N.Mooers）在 1950 年的 Zator Technical Bulletin（NO.48）中公开提出的，最早应用在图书馆的图书检索中。这一概念首先假设包含相关信息的文献或记录已经按照某种有助于检索的顺序组织起来。信息检索就是对信息项进行表示、存储、组织和存取的全过程。对信息项的表示和组织应该能够为用户提供其感兴趣的信息的方便存取。

信息检索是将大量相关信息按一定的方式和规律组织存储起来，形成某种信息集合，并能根据用户特定需求快速高效地查找出所需信息的过程，是从非结构化的信息集合中找出与用户需求相关的信息的过程。

信息检索处理的对象是非结构化数据。那么什么是非结构化数据呢？我们先回顾下数据库中存储的数据，数据库中的数据是带有严格的数据格式和长度规范的，是高度组织和格式化的数据，我们称为结构化数据。相对而言，非结构化数据意味着数据结构不规则，没有预定的数据模式。非结构化数据是指在现实世界中自然存在的模糊而带有歧义且没有经过规格化的信息，也就是自然产生的数据，没有经过加工处理。非结构化数据一般包含文本数据、网页数据、多媒体数据等，目前在这个信息爆炸的时代，最主要的处理对象是互联网数据，如：

✧ 文本数据：新闻、科技论文。

✧ 网页：HTML、XML 文件。

✧ 多媒体数据：图像、视频、图形、音频文件。

从应用来说，信息检索技术不仅可以用于搜索引擎、信息代理等一些传统的信息应用，还可以用于话题跟踪、内容安全、生物信息学等应用，如 Web 挖掘（Web Mining）、知识挖掘（Knowledge Mining）、知识发现（Knowledge Discovery）、内容管理（Content Management）、内容计算（Content Computing）等，虽然处理的内容有所不同，但是信息检索是核心技术实现，也可以说它们是传统信息检索的拓展，是现代信息检索的内容。

4.1.2　信息检索系统

1. 信息检索原理

信息检索包括信息的存储和检索两个过程，其流程和原理分别如图 4-1 和图 4-2 所示。信息检索的存储过程（信息收集、信息分析、建立索引）一般由专业的信息处理人员完成，而信息检索的检索过程面向普通用户。

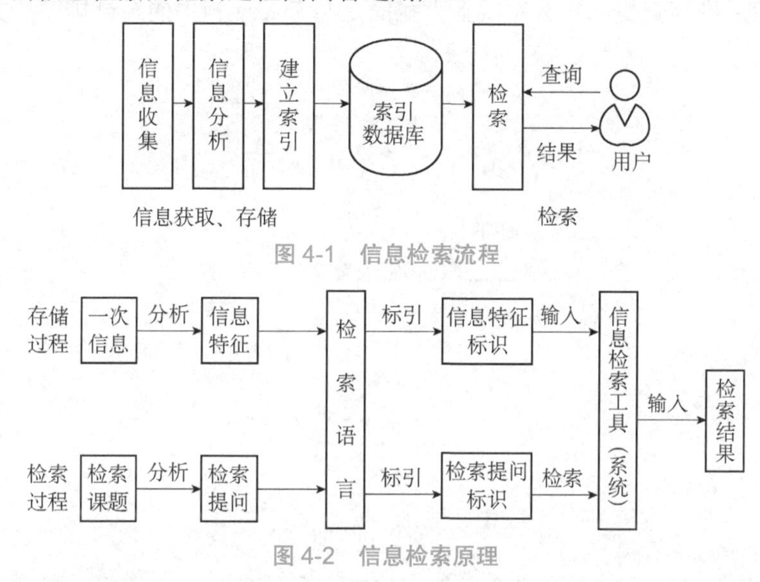

图 4-1　信息检索流程

图 4-2　信息检索原理

信息的存储过程就是将搜集到的一次信息，经过著录其特征（如题名、著者、主题词、分类号等）而形成索引，并将这些索引组织起来成为二次信息的过程。信息存储的过程主要解决的是如何建立索引库的问题，在这个过程中要经过信息收集、信息分析、提取信息特征，最终建立起索引库。

信息的检索过程是根据检索需求利用检索工具按照一定的检索关键词进行信息查找的过程，查找到符合需求的信息后再提取信息。那么这个过程其实是关键词和索引文档进行匹配的过程。

在信息的存储和检索过程中，索引是关联了查询词和文档集的重要桥梁，那么什么是索引呢？索引起着什么样的作用呢？我们先思考一个问题，当用户提交一个问题的时候，应该如何生成结果？如果直接对文档库中的每一篇文档进行扫描，当文档库特别大或者文档本身就特别大的时候，这种扫描的过程本身就是耗时耗力的，为了提高检索速度，我们肯定需要对文档库中的文档进行一个预处理，将搜集到的一次信息进行分析，并将分析结果按照一定的组织方式存储起来，通常分析结果存储在文件之中。所以说，存储了分析结果的文件集合就是所谓的索引。由于索引是按照一定的结构组织起来的，这样查询速度将会非常快，而索引的唯一目的就是加快查询速度，提高查询效率，节省查询时间。在信息检索的过程中，索引起着至关重要的作用。索引是一种数据结构，是关键词与包含关键词的文档间的一个映射，建立的索引能够加快检索速度，提升检索的效率。常用的索引技术有倒排文件（也称倒排索引）、后缀数组和签名文件。

2. 信息检索系统

一个典型的信息检索任务是先给定自然语言的文档集合，再给定用户的一个提问（Query），然后进行查找，那么实质上查找的是与Query相关的经过排序的文档子集，如图4-3所示。

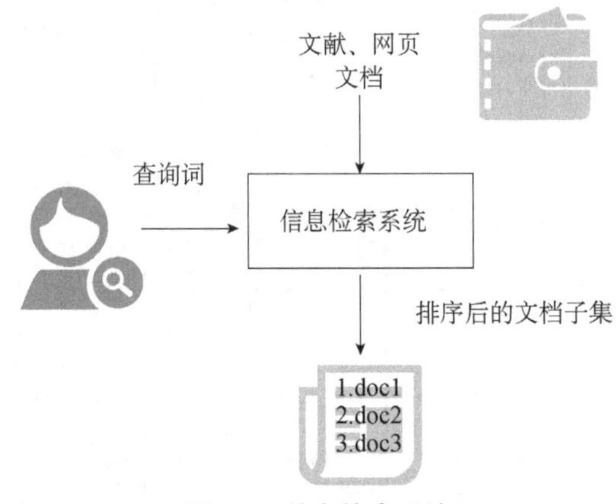

图4-3 信息检索系统

一个完整的检索系统包含多个组件，如文本预处理、建立索引、搜索、排序、用户界面、查询操作等。

（1）文本预处理：收集到的信息将进行分词、删除停用词、提取词干等一系列处理。其中停用词是出现频率高但与文档没有相关度的一类词，例如，的、地、得，这类词语丝毫表达不出来文档主题，通过利用停用词对分词结果进行过滤，提高文本特征的质量。

（2）建立索引：为文档建立倒排索引表。倒排文件用于存储单词在文档中的位置，一般由词汇表和记录表组成。

（3）搜索：根据倒排索引表检索出与提问（Query）相关的文档。

（4）排序：检索出的文档将根据相关性的高低进行排序，目的是使用户优先查找到相关度高的文档。

（5）用户界面：管理和用户的交互过程，包括提问输入和文档输出、相关反馈、结果的可视化。

（6）查询操作：对用户的提问进行变换，以改进检索结果，根据同义词词典对提问进行扩展，利用相关反馈对提问进行变换。

4.1.3　信息检索关键技术

1. 信息抽取

信息检索首要的技术就是信息抽取，即对文本里包含的信息进行结构化处理，统一规范和组织。因为同一主题可能在不同的网站其表现形式是不一样的，所以需要对收集到的信息进行结构化处理。

2. 文本分类与聚类

分类问题是机器学习中的一个基本问题，机器学习（Machine Learning）是研究计算机怎样模拟或实现人类的学习行为，以获取新的知识或技能，重新组织已有的知识结构使之不断改善自身的性能。它是人工智能的核心，是使计算机具有智能的根本途径，其应用遍及人工智能的各个领域。在信息检索中，可以利用文本分类和聚类对信息进行有效分类，提高信息检索的性能。

3. 自动文摘

自动文摘是一种压缩技术，它的目标是从信息源中提取重要且不冗余的信息，并以简洁、全面的方式呈现出来，文摘能够准确全面地反映某一文档的主题，能够有效满足信息的获取。

4. 链接分析

链接分析可以用来分析和衡量一个网页的重要程度，网页链接反映的是网页之间形成的参考、引用和推荐的关系。若一篇网页被很多其他网页所链接，则意味着它的关注度较高，其内容也具有较为重要的或者较高的参考价值。因此，可以认为一个网页的“入度”（指向它的网页的个数）是衡量它重要程度的一个有意义的指标，同时，网页的“出度”对分析网页信息的价值也很有意义，因此可以使用这两个指标来衡量网页。常用的算法有 PageRank 算法、HITS 算法。

4.1.4　信息检索类型

按照检索对象，检索的类型可以分为数据检索、事实检索、文献检索。

（1）数据检索：是指以各种数据或数值为检索对象，从已有的“信息库”中查找出特定数据的过程，其检索结果是数值性数据。例如，查 2022 年参加高考的人数。

（2）事实检索：是指以某一客观事实为检索对象或对已有的数据进行处理（逻辑推理）后得出新的事实过程，其检索结果是数值性数据和相关的资料。例如，查询对比某几款电脑的配置性价比，哪款配置高。

（3）文献检索：是指以文献为检索对象，从已有的“信息库”中查找出特定文献的过程，其检索结果是文献资料。凡是查找某一课题、某一著者、某一地域、某一机械、某一事物的有关文献，以及这些文献的出处和收藏处所等，都属于文献检索的范畴。例如，查询关于“信息检索”研究方向的期刊论文或者会议论文。

数据和事实检索要求检索出包含在文献中的具体信息，是确定性的检索。其检索范围包括各种数值、要领、事项、科技成果、市场动态、统计数据、人物传记、机构名录及各种公式、规格、标准等。因此事实和数据检索，使用的工具主要有百科全书、字典、辞典、年鉴、手册、人名录、地名录、机构指南及其相对应的数据库和网络资源等。

文献检索要求检索出包含所需要信息的文献，是一种不确定性的检索，其检索结果是与某一课题有关的若干篇论文、书刊的来源出处及收藏地点等。因此，文献检索一般使用文摘、目录、索引、全文等检索工具及其相对应的数据库和网络资源。

任务 4.2　搜索引擎常用检索方法

任务描述

了解搜索引擎的概念，理解搜索引擎的原理，掌握搜索引擎检索的不同方法。

任务分析

通过搜索引擎的实际操作和练习，要求掌握搜索引擎的不同检索方式，提高检索信息的能力。

任务实施

4.2.1　搜索引擎

搜索引擎（Search Engine），又称网络搜索引擎、网络检索引擎，是一种基于互联网的信息查询系统。搜索引擎的主要功能是为人们搜索 Internet 上的信息，并提供获得所需信息的途径。搜索引擎就是对 Web 页面进行信息搜集、信息处理并供用户查询的信息检索工具。

搜索引擎的工作一般分为 3 个步骤。

（1）信息抓取。搜索引擎用“爬虫”工具（采集器）爬取网页信息，多数网页可以通过网页超链接相互访问，如此一来网络爬虫能够爬取更多网页信息。

（2）建立索引。搜索引擎从收集的页面中提取关键字，并把整个页面信息内容利用索引技术建立索引数据库，并对索引数据库进行动态维护，及时更新、添加和删除信息，以保证索引数据库的准确性。

（3）结果显示。当接收到提问要求后，对索引数据库中的资料进行检索，然后将检索结果呈现给用户。

从搜索引擎工作的步骤中我们能够看出搜索引擎并不真的搜索互联网，它本质上搜索的是预先处理好的索引数据库。真正意义上的搜索引擎，通常指的是收集了 Internet 上几千万到几十亿个网页并对网页中的每一个词（即关键词）进行索引，建立索引数据库的全文搜索引擎。当用户查找某个关键词的时候，所有在页面内容中包含了该关键词的网页都将作为搜索结果被搜出来。

信息系统或者互联网平台向用户提供了检索信息的功能，而检索的核心是搜索引擎在发挥作用。从功能和原理上搜索引擎大致被分为全文搜索引擎、元搜索引擎、垂直搜索引擎和目录搜索引擎四大类。从检索方式上可以分为布尔逻辑检索、截词检索、位置检索、限制检索。

4.2.2　搜索引擎检索方法

1. 布尔逻辑检索

两个或两个以上的检索词需要先根据检索主题的要求对检索词进行组合。通常在网络信息检索系统中，检索词的组合主要采用布尔逻辑运算。常用的布尔逻辑算符有 3 种，分别是逻辑“与”、逻辑“或”、逻辑“非”，如图 4-4 所示。

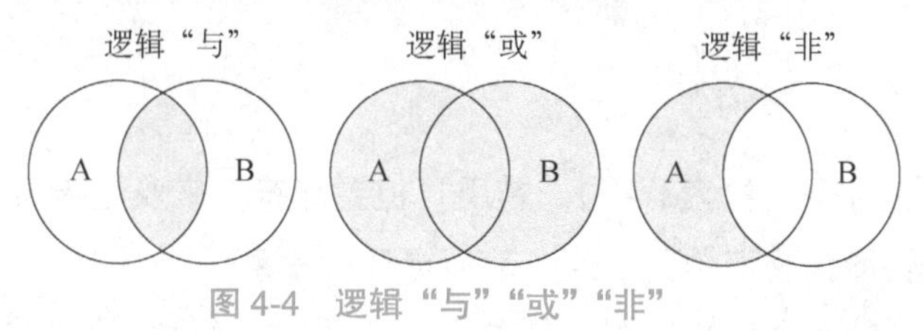

图 4-4　逻辑“与”“或”“非”

（1）逻辑“与”

逻辑“与”，一般检索系统用“与”“并且”、AND 或“*”来表示，表达交叉概念或限定关系。逻辑“与”可以对检索词加以限定，缩小范围，增强检索的专指度和特指性。通过逻辑“与”能够增加检索条件，检索出同时满足两个或者多个条件的内容，提高检索内容的匹配度，提升检索的效率。

（2）逻辑“或”

逻辑“或”，一般检索系统用“或”“或者”、OR 或“+”号来表示，表达并列概念或平行关系。使用 OR 运算符，相当于增加检索词的同义词与近义词，扩大了检索范围。通过逻辑“或”，一方面可以检索满足多个条件的内容，另一方面相当于变换检索依据或方式，这样能够在目标主题不变的情况下增多检索结果，避免漏检。

（3）逻辑“非”

逻辑“非”，一般检索系统用“非”“不含”、NOT 表示，有的系统也可以用“-”号表示排斥关系，用于从原来的检索范围中排除不需要的概念或影响检索结果的概念。通过逻辑“非”，排除与主题不相关的内容，能够进一步表达检索主题，提高检索结果的相关度，提升检索的效率。

在检索系统中，对于布尔逻辑算符的执行顺序，大多数采用的是最先执行逻辑“非”，其次执行逻辑“与”，最后执行逻辑“或”。

2. 截词检索

截词检索也称词干检索或通配符检索，截词符多采用通配符“?”“$”“*”等。为了预防漏检并提高查全率，大多数系统都提供截词检索的功能。截词是指在检索词的合适位置进行截断，然后使用截词符进行处理，这样既可节省输入的字符数目，又可达到较高的查全率。尤其在西文检索系统中，使用截词符处理自由词，对提高查全率的效果非常显著。

从截断的位置分类，截词可以分为前截词、中截词、后截词，较常用的是后截词和中截词两种方法。从截断的字符数目来分，截词有无限截词和有限截词两种。搜索引擎中的截词符通常采用星号“*”。例如，computer*，相当于 computer、computing、computers 等。

3. 位置检索

位置检索（也称全文检索算符），是用“位置算符”来表达检索词之间的位置关系及前后顺序，能够增强选词的灵活性，从而提升检索率。

当前使用较多的两个位置运算符是“(nW)”和“(nN)”，如表 4-1 所示。

表 4-1　位置运算符

符号	实例	含义
相邻位置算符(nW)、(W)	A（nW）B 或 A（W）B	A、B 两词之间相隔 0 至 *n* 词且前后顺序不变；若 A（W）B，表示 A、B 两词之间不能插入任何其他词，但允许有一空格或标点符号
相邻位置算符(nN)、(N)	A（nN）B 或 A（N）B	A、B 两词相隔 *n* 词且前后顺序不限，若 A（N）B，表示 A、B 两词之间只能为一空格或标点符号且前后顺序不限

4. 限定检索

为了提高检索的查准率，多数检索系统都设置了限定检索功能。一般情况下网页资源和文献资源都会被标记一些字段，如标题、作者、发表时间等。用户通过这些特定检索字段来缩小检索范围，提高检索结果的相关性，提高检索效果。例如，在检索某一会议论文时可以设置“题名：信息检索，期刊名：计算机科学”这样的检索提问，从而可以检索到论文题目中含有“信息检索”字样的论文，并且是发表在《计算机科学》期刊的。另外，在检索的过程中可以指定特定文件格式类型（如 DOC、PPT、PDF 等）等，从而获得有针对性的文件。

4.2.3　信息检索实例

目前互联网上的搜索引擎有多种，每一种搜索引擎都有各自的优缺点，常用的搜索引擎有百度、谷歌等。其中百度是目前全球最大的中文搜索引擎，拥有目前世界上最大的中文信息库。下面我们以百度为例介绍搜索引擎使用方法。

1. 基本检索

（1）“与”运算（*）

打开百度，在搜索框中输入关键词“庆祝建党 100 周年”，搜索结果约有 100,000,000 个，然后在此基础上增加关键词“*金句”，搜索结果约有 3,460,000 个，如图 4-5 所示。该运算缩小了搜索范围，提高了搜索精确度。

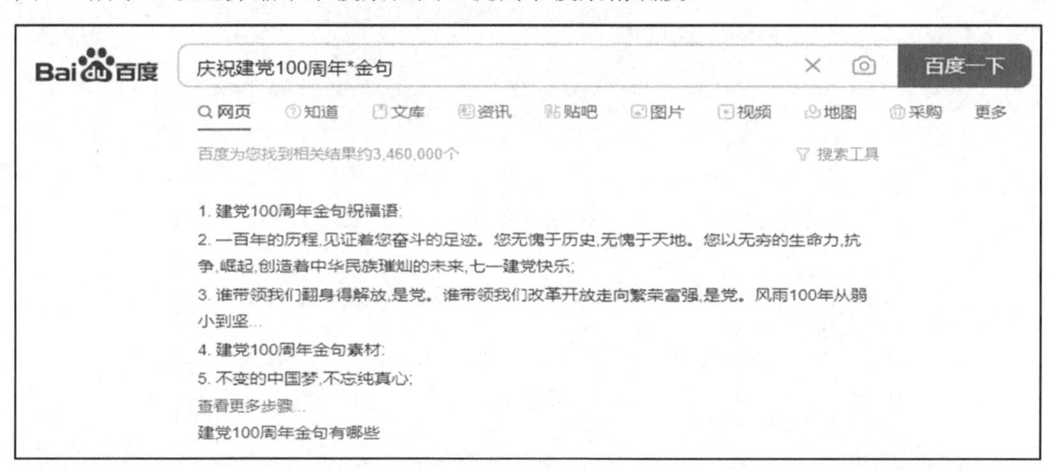

图 4-5　逻辑“与”搜索

（2）“或”运算（+）

运用“或”运算实现并列搜索，扩大检索范围，避免漏检。例如，我们搜索“信息检索教程”“信息检索导论”两部分内容，可通过“或”运算符来连接，如图 4-6 所示。

图 4-6　逻辑“或”搜索

（3）“非”运算（-）

“非”运算符能够去除特定的不相关的资料，进而缩小检索范围，提高检索的相关度。例如，要搜索“信息检索习题”，但要求不带“答案”，可输入“信息检索习题-(答案)”来实现，如图 4-7 所示。其中，需要注意的是第一个检索词和非运算符之间要留有空格。

图 4-7　逻辑“非”搜索

2. 限定检索

在搜索的过程中可以选择搜索资源的时间和文件类型（PDF、DOC、PPT 等）。例如，搜索 PDF 格式的信息检索技术内容，可以通过百度搜索框下方的搜索工具限定，如图 4-8 所示。

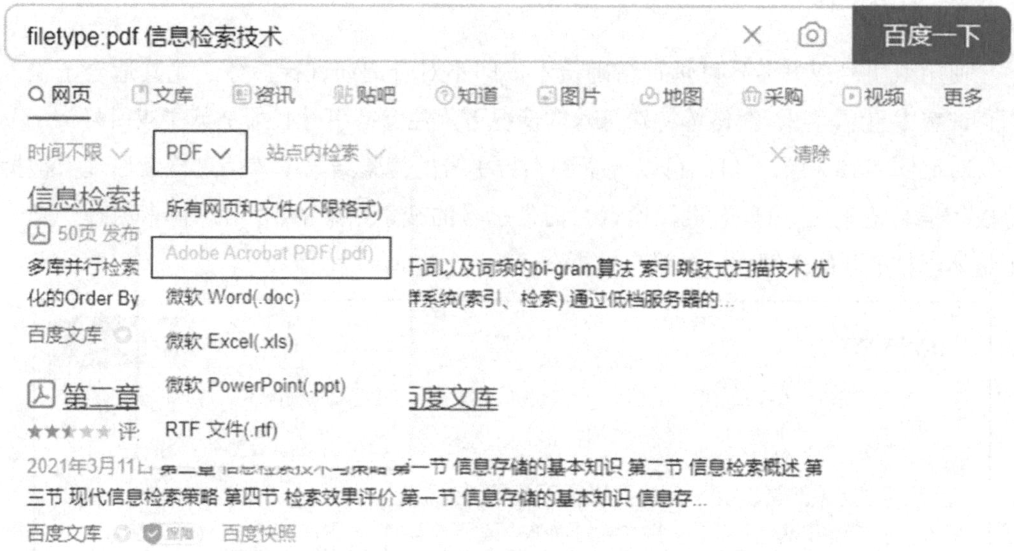

filetype:pdf 信息检索技术　百度一下

网页　文库　资讯　贴吧　知道　图片　地图　采购　视频　更多

时间不限　PDF　站点内检索　清除

所有网页和文件(不限格式)

Adobe Acrobat PDF(.pdf)

微软 Word(.doc)

微软 Excel(.xls)

微软 PowerPoint(.ppt)

RTF 文件(.rtf)

信息检索技

50页 发布

多库并行检索 …词以及词频的bi-gram算法 索引跳跃式扫描技术 优化的Order By …群系统(索引、检索) 通过低档服务器的...

百度文库

第二章 …百度文库

2021年3月11日 第二章 信息检索技术与策略 第一节 信息存储的基本知识 第二节 信息检索概述 第三节 现代信息检索策略 第四节 检索效果评价 第一节 信息存储的基本知识 信息存...

百度文库　保障　百度快照

图 4-8　限定搜索

3. 高级搜索

百度搜索引擎提供有高级搜索方式，在设置选项中选择“高级搜索”即可。高级搜索页面中可以设置条件有包含全部关键词及排除的关键词、时间、文档格式、关键词位置等，如图 4-9 所示。这些选项条件能够帮助用户锁定搜索主题，高效、精确地进行检索。例如，查找“信息检索习题”（不包含答案），要求文件格式为.doc，时间为最近一年内，并且关键词仅仅出现在网页标题中，那么可以利用高级搜索按图 4-9 所示进行设置。

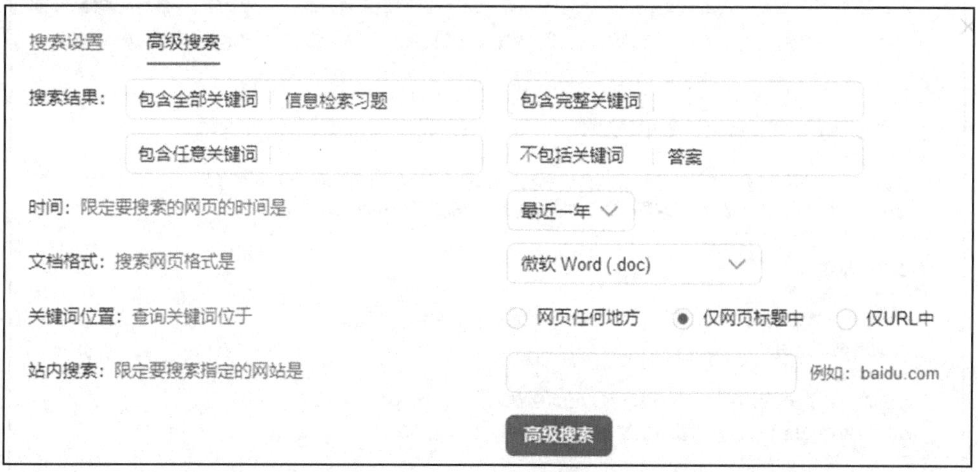

搜索设置　高级搜索

搜索结果：包含全部关键词　信息检索习题　包含完整关键词

包含任意关键词　不包括关键词　答案

时间：限定要搜索的网页的时间是　最近一年

文档格式：搜索网页格式是　微软 Word (.doc)

关键词位置：查询关键词位于　网页任何地方　仅网页标题中　仅URL中

站内搜索：限定要搜索指定的网站是　例如：baidu.com

高级搜索

图 4-9　高级搜索

4. 精确检索

使用双引号或书名号可进行精确检索，即不对查询词进行拆分，尤其适合于输入的查询字中包含“-”、空格等特殊符号的情况下。注意：引号必须是英文双引号。

对比图 4-10 和图 4-11，可以观察到不带引号的搜索结果中“信息检索原理”被拆分成“信息检索”“原理”进行检索。而带引号的搜索结果中，“信息检索原理”是一个整体，精准匹配关键词，并没有被拆分。

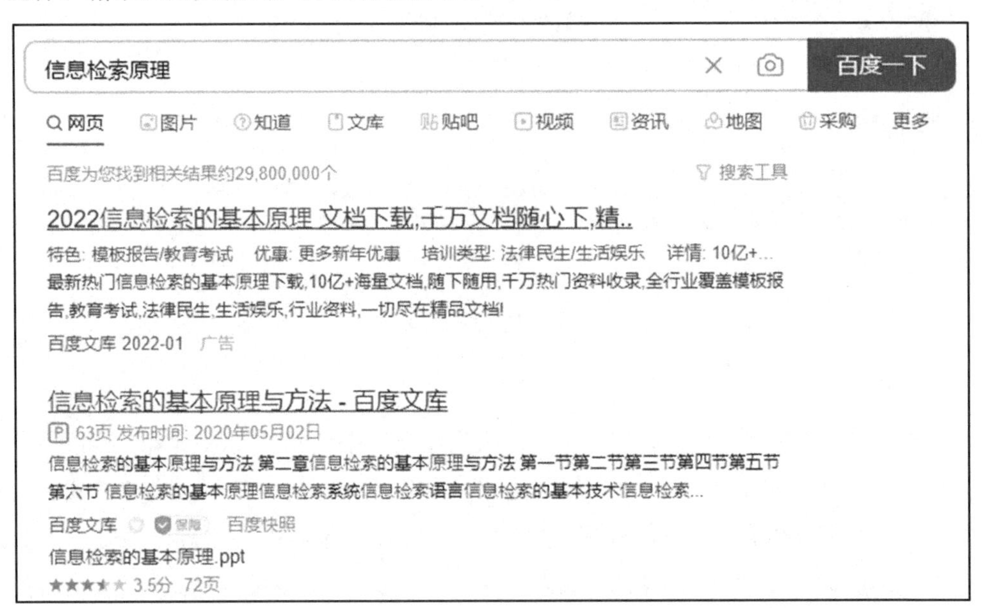

图 4-10　非精确搜索

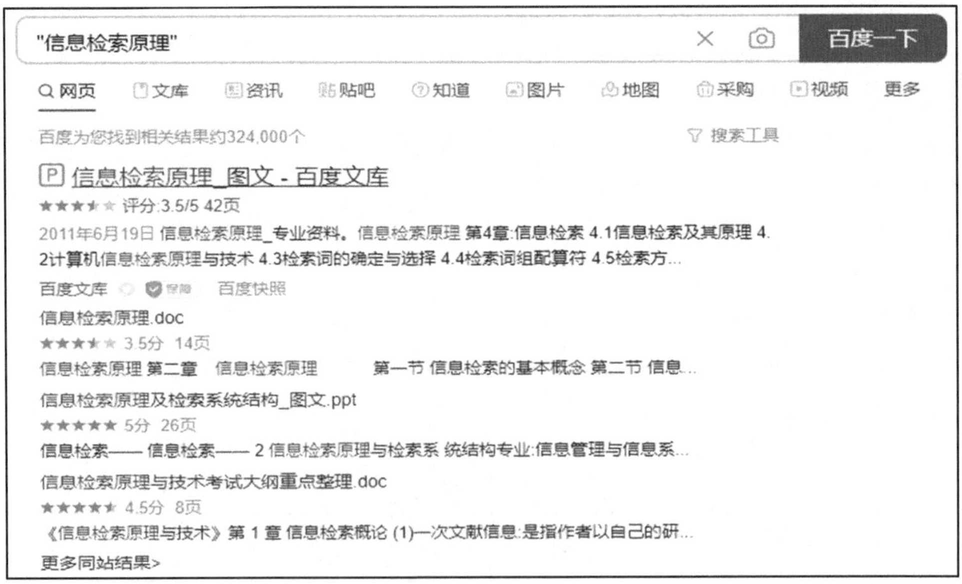

"信息检索原理"
百度一下
网页 文库 资讯 贴吧 知道 图片 地图 采购 视频 更多
百度为您找到相关结果约324,000个
搜索工具
信息检索原理_图文 - 百度文库
评分:3.5/5 42页
2011年6月19日 信息检索原理_专业资料。信息检索原理 第4章:信息检索 4.1信息检索及其原理 4.2计算机信息检索原理与技术 4.3检索词的确定与选择 4.4检索词组配算符 4.5检索方...
百度文库 百度快照
信息检索原理.doc
3.5分 14页
信息检索原理 第二章 信息检索原理 第一节 信息检索的基本概念 第二节 信息...
信息检索原理及检索系统结构_图文.ppt
5分 26页
信息检索—— 信息检索—— 2 信息检索原理与检索系 统结构专业:信息管理与信息系...
信息检索原理与技术考试大纲重点整理.doc
4.5分 8页
《信息检索原理与技术》第 1 章 信息检索概论 (1)一次文献信息:是指作者以自己的研...
更多同站结果>

图 4-11　精确搜索

5．图片检索

百度搜索引擎不仅能够依据文本进行检索，也能够依据图片进行检索。图片检索的入口是输入框右侧的“照相机”图标，如图 4-12 和图 4-13 所示，接下来将要查找的图片拖曳至图片区域内，或者通过选择图片进行上传。

图 4-12　图片搜索选项

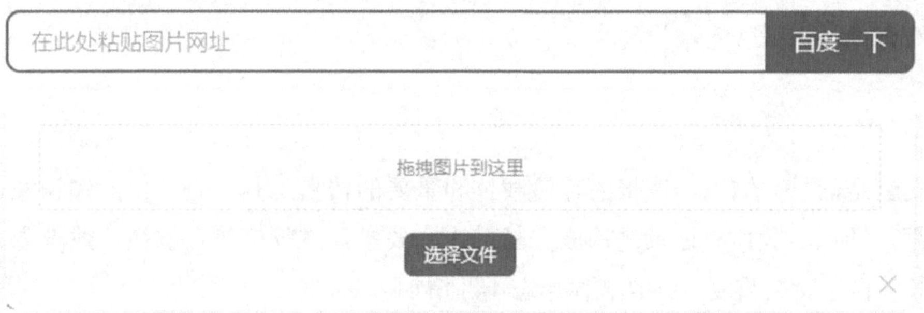

图 4-13　图片搜索引导

例如，上传一张“日出”主题的图片，搜索结果中显示该图片的来源，以及图片中表达的信息，搜索结果如图 4-14 所示。

图 4-14　图片搜索结果

任务 4.3　专用平台信息检索

任务描述

熟练掌握中国知网、万方数据服务平台、专利检索与分析系统的检索方式和适用文献。

任务分析

通过实际操作中国知网、万方数据服务平台、专利检索与分析系统这三个专用检索平台，要求熟练掌握每个平台的检索方式。

任务实施

4.3.1　文献的概念

1. 文献的定义

文献是信息、知识、情报的存储载体和重要的传播工具，是重要的知识源、情报信息源。知识、载体、记录是构成文献的 3 个要素。文献信息资源往往数量庞大，急剧增长，内容交叉重复，并且载体形态不断增加。

2. 文献的类型

文献主要包括期刊、学位论文、会议论文、专利、标准文献等。

期刊是指有固定名称、版式和连续的编号，定期或不定期长期出版的连续性出版物。期刊报刊有学术性期刊、科普性期刊、资料性期刊等，这里提到的期刊主要是学术性期刊，即研究学者在某一领域有重大研究发现，或者创新技术后所发表的论文。

学位论文是高等学校或研究机构的毕业生为取得某种学位，在导师的指导下撰写并提交的学术论文。学位一般分为学士学位、硕士学位和博士学位，但通常所称的学位论文一般仅指硕士和博士研究生的学术论文。

会议文献具有专业性鲜明、针对性强、内容新颖、传递信息迅速等特点。因此，会议文献往往代表着一门学科或专业的最新研究成果，反映科学技术中的新发现、新成果、新成就及学科发展趋向，是了解有关学科发展动向的重要信息源。识别会议文献的主要依据有会议名称、会址、会期、主办单位、会议录的出版单位等。

专利是专利权的简称，是指国家专利机关依专利法授予发明人或设计人在一定的时间、地域范围内，对其发明创造享有独占性的制造、使用和销售的专有权。在我国，专利分为发明、实用新型和外观设计三种类型。中华人民共和国国家知识产权局是国务院主管全国专利工作和统筹协调涉外知识产权事宜的直属机构。

标准文献是指在有关方面的通力合作下，按照规定程序编制并经主管机关批准，以特定形式发布，为在一定的范围内获得最佳秩序，对活动或其结果规定共同的和重复使用的规则、导则、定额或要求的文件。标准一般以科学、技术和经验的综合成果为基础，以改进产品、过程和服务的适用性，防止壁垒，促进技术合作，获得最佳社会效益为目的。简言之，标准文献是在一定地域或行业内统一的技术要求的文件。

4.3.2 专用检索平台

1. 中国知网

中国知网平台是面向海内外读者提供中国学术文献、外文文献、学位论文、报纸、会议、年鉴、工具书等各类资源统一检索、统一导航服务，涵盖各类学科内容的检索平台。往往人们用得比较多的是检索期刊、学位论文、会议论文文献，图 4-15 为中国知网的界面。

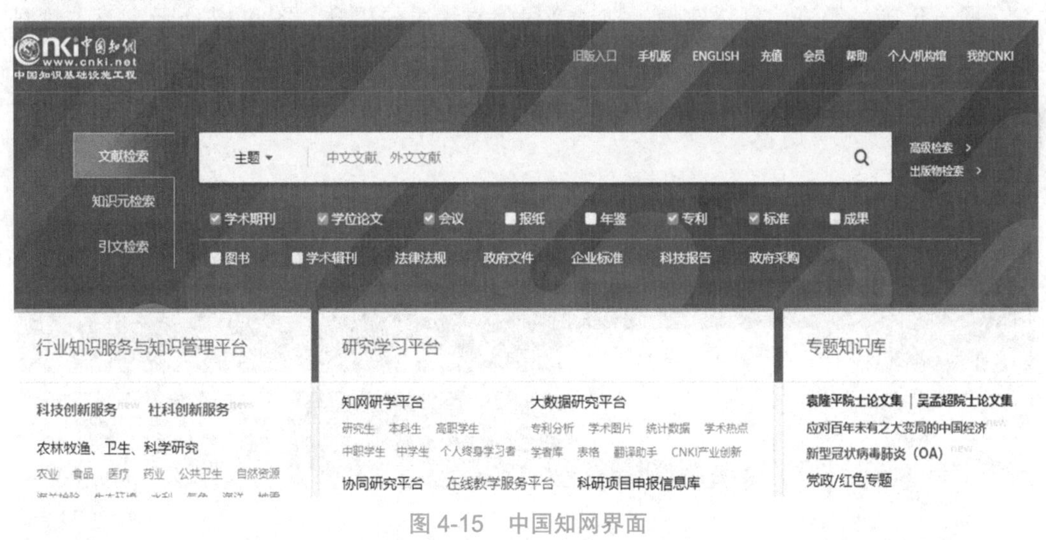

图 4-15 中国知网界面

中国知网平台提供高级检索、专业检索、作者发文检索、句子检索几种检索方式，如图 4-16 所示。其中高级检索可以通过设置主题、作者、文献来源等组合的方式进行检索。专业检索一般用于图书情报专业人员查新、信息分析等工作，使用运算符和检索词构造检索式进行检索。专业检索的表达式一般为：<字段代码><匹配运算

符><检索值>。作者发文检索通过作者信息（作者、作者单位）进行检索。句子检索通过输入的两个检索词，查找同时包含这两个词的句子，找到相关度高的结果。

图 4-16　中国知网

2. 万方数据知识服务平台

万方数据以信息资源建设为核心，为用户提供从数据、信息到知识的全面解决方案，服务于国民经济信息化建设，推动全民信息素质的提升。图 4-17 所示为万方数据知识服务平台界面。从资源导航栏可以看到，万方数据知识服务平台能够检索学术期刊、学位论文、会议论文、科技成果、专利、标准等。

图 4-17　万方数据知识服务平台界面

万方数据知识服务平台的检索方式包含高级检索、专业检索、作者发文检索，如图 4-18 所示。每种检索方式中都可以依据文献类型、检索信息（包括文献主题、关键词、作者、会议名称、作者单位等多项信息）、发表时间等条件进行检索。这些检索条件组合在一起，可以帮助用户快速、高效地查找到所需的文献。

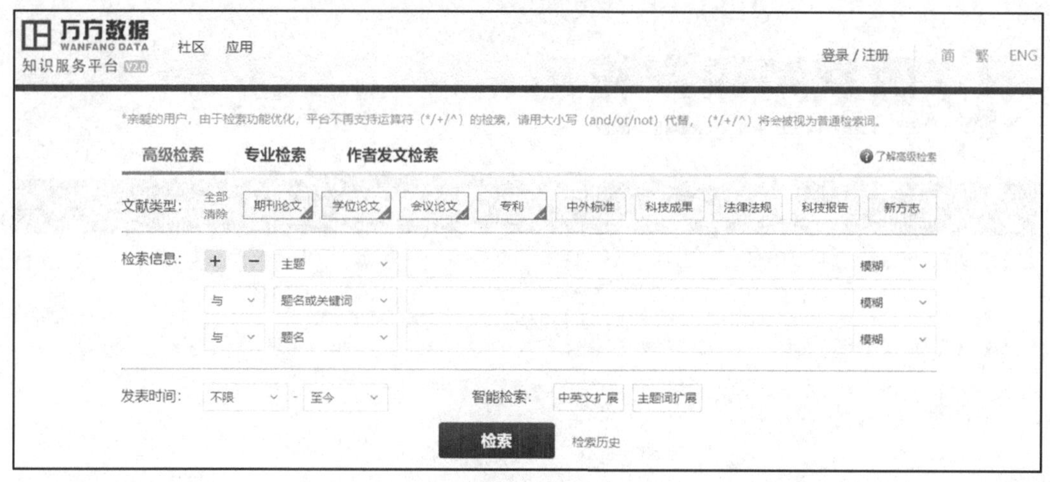

图 4-18　万方数据检索方式分类

例如，我们想要检索在期刊《信息系统学报》上发表的关于“信息检索”的论文，需要依次输入主题“信息检索”，关键词“信息检索”，期刊名《信息系统学报》，然后单击“检索”按钮即可查找到相关期刊论文，检索结果如图 4-19 所示。

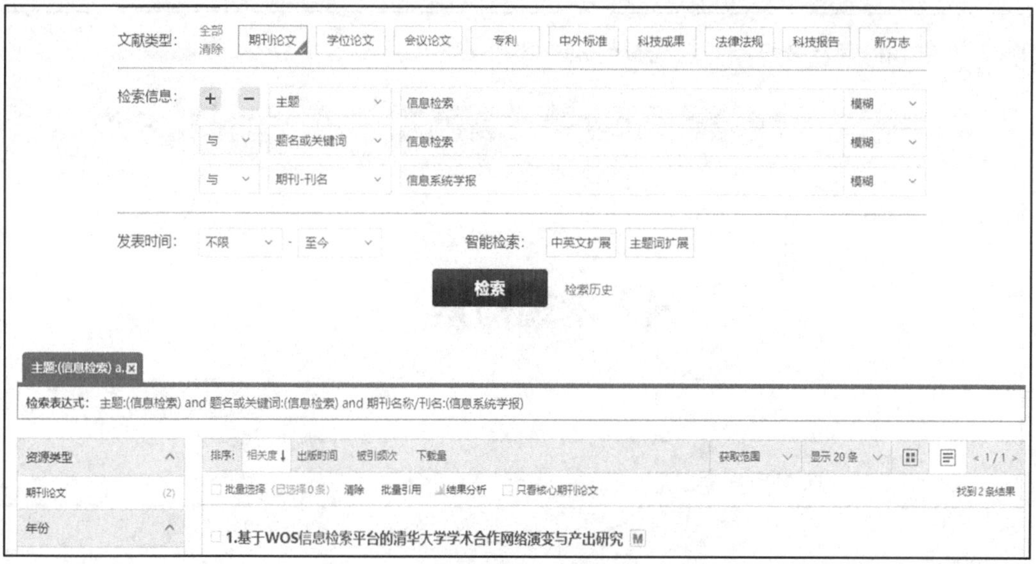

图 4-19　万方数据检索示例

3. 专利检索平台

国家知识产权局网是迄今为止我国诸多专利网中能免费检索中国专利全文的网站之一，自2018年开始，普通用户要进行注册使用。登录国家知识产权局后，选择“服务”项，即可进入专利检索及分析系统，如图4-20所示。

图4-20　国家知识产权局

国家知识产权局网提供常规检索、高级检索（表格检索）和导航检索（IPC分类检索）三种检索方式。其中常规检索是CNIPA专利检索及分析的默认页面，可以在自动识别、检索要素、申请号、公开（公告）号、申请（专利权）人、发明人、发明名称7个字段中进行检索，如图4-21所示。

图4-21　专利检索及分析系统

本章小结与课程思政

本章主要讲述了信息检索的概念、信息检索系统及其原理，着重介绍了搜索引擎检索方法、专用平台信息检索。通过本章内容的学习，读者应理解信息检索的概念，认识到信息检索包含存储和检索两个过程；熟练掌握搜索引擎的几个常用检索方法，提高检索的能力；熟练掌握专用检索平台，快速高效地检索期刊、会议论文、专利等文献。信息检索已经是大家日常学习和工作中需掌握的必备技能，信息检索技术和算法也成为众多学者研究的方向。

通过介绍信息检索的概念、信息检索系统的原理，让学生重新认识信息检索，引导学生自主学习，理解信息检索的作用和意义，激发学生检索新知识的兴趣；通过详细列举搜索引擎的检索方法及实际应用案例，帮助学生提高检索的技能。在实际应用案例过程中融入“建党百年金句”检索，增强学生的爱国情怀，把爱国情怀润物细无声地贯穿到教学过程中。同时，在案例中讲解各类文献的检索方法，提升学生检索科技论文的技能，启发学生探索新领域，了解新技术。

思考与训练

1. 选择题

（1）信息检索包括信息的存储和（　　）过程。

A．信息收集　　B．信息分析

C．建立索引　　D．检索

（2）信息检索处理的对象是（　　）。

A．非结构化数据　　B．结构化数据

C．文本　　D．网页

（3）布尔逻辑检索中检索运算符“OR”的作用在于（　　）。

A．提高查准率　　B．提高查全率

C．排除不必要的信息　　D．减小文献范围

（4）布尔逻辑运算符“AND”可用（　　）进行替换使用。

A．空格　　B．*

C.（　）　　D. ?

（5）布尔逻辑运算符“NOT”可用（　　）进行替换使用。

A. +　　B. -

C.（　）　　D. |

（6）截词检索主要应用于下列哪个检索系统（　　）。

A. 中文检索系统　　B. 外文检索系统

C. 英文检索系统　　D. 专利检索系统

（7）位置检索主要通过限定相关主题词的（　　）来提高检索的效率。

A. 语法　　B. 含义

C. 位置　　D. 数量

（8）（　　）表示此运算符两侧的检索词之间允许间隔最多 *n* 个词，且顺序可以颠倒。

A.（W）　　B.（nW）

C.（N）　　D.（nN）

（9）位置运算符号（W）和（N）的主要区别在于（　　）。

A. 检索词之间间隔的字符数量的差异

B. 检索词是否出现在同一字段中

C. 检索词出现的位置是否可以颠倒

D. 检索词是否出现在同一文献中

（10）（　　）是高等学校或研究机构的毕业生为取得学位撰写的。

A. 专利　　B. 期刊

C. 学位论文　　D. 会议论文

2. 填空题

（1）广义上，信息检索包括信息的________和________两个过程。

（2）搜索引擎的工作一般分为________、________和________3 个步骤。

（3）按照检索对象，检索的类型可以分为________、事实检索和________。

（4）一个完整的检索系统包含多个组件，如文本处理、________、搜索、排序、用户界面、________等。

（5）使用双引号或书名号可进行________，即检索时不对查询词进行拆分。

3. 简答题

（1）简述信息检索的流程。

（2）什么是结构化数据？什么是非结构化数据？

（3）列举搜索引擎常用的检索方法。

（4）列举几个文献检索专用平台。

（5）信息检索按检索对象划分可以分为几类？

（6）判断以下两题属于何种信息检索类型？

① 搜索基于词映射构建伪查询来改善低资源跨语言信息检索的期刊论文。

② 检索一下，第七次全国人口普查结果公布的人口数量。

（7）选择合适的文献专用平台，利用高级检索方式，检索主题为“信息检索”、作者单位为“南京大学”、期刊名称为“软件学报”的期刊论文。

第5章　新一代信息技术概述

国家在“十二五”规划中明确了战略新兴产业是国家未来重点扶持的对象，《国务院关于加快培育和发展战略性新兴产业的决定》中列了七大国家战略性新兴产业体系，其中“新一代信息技术产业”被确立为七大战略性新兴产业之一，将被重点推进。

学习目标

- ◆ 新一代信息技术及其主要代表技术的基本概念。
- ◆ 新一代信息技术各主要代表技术的技术特点。
- ◆ 新一代信息技术各主要代表技术的应用。
- ◆ 新一代信息技术给我们的启示与思考。

任务5.1　新一代信息技术基本概念

任务描述

信息技术在人们的生活中，发挥着重要的作用，随着科技的发展，新一代信息技术在人们的生活和工作中正在起着越来越重要的作用，那么新一代信息技术到底是什么？它包含哪些方面？

任务分析

通过本任务的学习，要求对新一代信息技术的基本概念、技术特点有基本的了解。

任务实施

5.1.1　新一代信息技术的概念

新一代信息技术是区别于普通的信息技术的，在重视信息技术本身和商业模式的创新的同时，还强调信息技术渗透、融合社会和经济发展的各个行业。

在这里，我们所说的新一代信息技术是以大数据、人工智能、云计算、人工智能、物联网、区块链、量子信息等为代表的新兴技术。它既是信息技术的纵向升级，也是信息技术之间及其与相关产业的横向融合。

新一代信息技术产业已经将信息技术融入涉及社会经济发展的各个行业，在不同的行业创造了新的价值。而新一代信息技术产业在重视信息技术本身和商业的创新的同时，更强调将信息技术与社会和经济发展的各个行业之间的渗透、融合，从而推动其他行业的技术进步和产业发展。

5.1.2　新一代信息技术的突出特征

人类社会、物理世界、信息空间这三元世界之间的关联与交互，决定了社会信息化的特征和程度。感知人类社会和物理世界的基本方式是数字化，通过信息空间联结人类社会与物理世界的基本方式是网络化，信息空间作用于物理世界与人类社会的方式是智能化。数字化、网络化、智能化是新一轮科技革命的突出特征，也是新一代信息技术的聚焦点。

1. 数字化

数字化为社会信息化奠定基础，其发展趋势是社会的全面数据化。数字化正从计算机化向数据化发展，这是当前社会信息化最重要的趋势之一。大数据是社会经济、现实世界、管理决策等的片段记录，蕴含着碎片化信息。随着分析技术与计算技术的突破，解读这些碎片化信息成为可能，这使大数据成为一项新的高新技术、一类新的科研范式、一种新的决策方式。

2. 网络化

网络化为信息传播提供物理载体，其发展趋势是信息物理系统（CPS）的广泛采用。那么作为信息化的公共基础设施，互联网已经成为人们获取信息、交换信息、消费信息的主要方式。互联网实现了人与人、服务与服务之间的互联，而物联网实现了人、物、服务之间的交叉互联。物联网主要解决人对物理世界的感知问题，通过人机交互接口，信息物理系统实现计算进程与物理进程的交互，利用网络化空间以远程、可靠、实时、安全、协作的方式操控一个物理实体。从本质上说，信息物理系统是一个具有控制属性的网络。

3. 智能化

智能化体现信息应用的层次与水平，反映信息产品的质量属性。人工智能技术诞生 60 多年来，虽历经三起两落，但还是取得了巨大成就。近几年开始的基于环境自适应、自博弈、自进化、自学习的研究，正在形成一个人工智能发展的元学习或方法论学习阶段，这构成新一代人工智能。

任务 5.2　新一代信息技术各代表技术介绍

任务描述

近些年来，人们越来越多地听到大数据、云计算、人工智能等新鲜时髦的名词，那这些技术到底是什么呢？它有什么样的特点？听说它们已经渗入到我们的生活中，那到底它们“藏”在哪里？

任务分析

通过本任务的学习，要求了解新一代信息技术中的代表技术的基本概念、技术特点，以及新一代信息技术的应用。

任务实施

5.2.1　大数据技术

大数据这个词最早出现在 1893 年托夫勒的著名作品《第三次浪潮》中，作者将农业时代归为第一次浪潮，工业时代归为第二次浪潮，第三次浪潮指的则是信息时代。大数据，在信息时代扮演着重要的作用。

2011 年麦肯锡的一份研究报告指出，各个国家的数据量呈现出一种爆炸式增长的趋势，这也标志着大数据时代的到来。熟悉和掌握大数据相关技能，将会更有力地推动国家数字经济建设。

1. 大数据的概念

大数据（Big Data），是指数据规模过于庞大，以至于无法在一定时间范围内用常规软件工具获取、存储、管理和处理的数据集合。

2. 大数据技术的特点

说到大数据的特点，我们可以用 4 个 V 来概括。

（1）体量巨大（Volume）

大数据本身带有一个“大”字，包含采集、存储和计算的量都非常大。根据 IDC 做出的估测，数据一直在以每年 50%的速度增长，即两年增长一倍。这些数据产生的数量大，产生的时间又快，因此数据的存储单位已经从原来的 GB、TB 发展到现在的 PB、EB、ZB。PB 到底有多大，有人粗略地计算了一下，1PB 的容量相当于 20 万张 DVD 能存储的空间。而 1EB=1024PB，1 ZB=1024 EB。而这么大的数据量对于政府和大型企业来说，已经是家常便饭了。数据体量巨大，如图 5-1 所示。

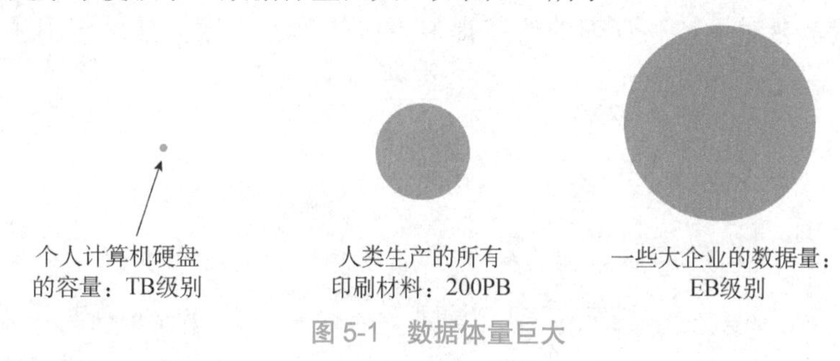

图 5-1　数据体量巨大

（2）种类繁多（Variety）

大数据的数据来源众多，随着 IT 技术和移动互联网的快速发展，在科学研究中、在企业应用中、在互联网和物联网等各个领域中，都在源源不断地产生新的数据。大数据具有丰富的数据类型，总体来说，分为结构化数据和非结构化数据两种。比如像 Excel 表格里的数据就是结构化数据，这类数据通常存储在数据库中，大约占数据量的 10%；而像图像、视频、音频、邮件、位置信息等这样没有结构的数据，就属于非结构化数据，这类数据约占数据量的 90%。

（3）处理速度快（Velocity）

大数据增长速度快，因此也要求我们处理速度要快，时效性要求高。比如搜索引擎要求几分钟前发生的新闻能被用户查询到，个性化推荐引擎尽可能要满足实时完成推荐，这是大数据区别于传统数据挖掘的显著特点。

（4）价值密度低（Value）

大数据的数据量虽然大，但是数据价值密度并不高。想要获取较高的商业价值，数据往往需要经过采集、存储、清洗、挖掘、分析过程。比如说，私家车上的行车记录仪，如果没有发生意外，那么每天连续的行车记录情况数据庞大，而且没有任何意义，而一旦发生意外，也只有记录了意外发生的那段影像具有价值，因此可以说价值密度很低。

3. 大数据技术的应用

大数据这个词应该说已经成为近年来的时髦词。大数据技术在不知不觉中已经被渗透到社会的方方面面，大数据技术形式丰富，应用领域广泛，医疗卫生、商业分析、政府政务、农业生产、能源产业、传媒通信、人才培养、就业指导等方面都因为大数据的应用得到不断的深入，加速了各行业数字化、网络化、智能化的进程。2014年，从大数据作为国家重要的战略资源和加快实现创新发展的高度，在全社会形成“用数据来说话、用数据来管理、用数据来决策、用数据来创新”的文化氛围与时代特征。相信在党中央的领导下，在相关产业界的共同努力下，大数据技术会促进产业格局新的进程，会对生产和管理的改革提供更多依据。大数据技术应用领域如图 5-2 所示。

图 5-2　大数据技术应用领域

5.2.2　云计算技术

云计算这个概念是在 2006 年 8 月谷歌的搜索引擎会议上首次被提出的，成为了互联网的第三次革命。云计算是一个新的理念、新的融合技术、网络应用模式，如图 5-3 所示。

提供计算资源网络的“云”像现实中的云，体积规模大，无法确定它的具体位置和它的边界，与云计算服务的模式和技术非常相似。

图 5-3　云计算

1. 云计算的概念

我们通常所说的云计算（Cloud Computing），普遍认可的是美国国家标准与技术研究院（NIST）的定义，云计算是一个便捷的、按使用量付费的模式，它是通过互联网访问的可定制的 IT 资源共享池（IT 资源包括网络、服务器、存储、应用、服务），这些资源能够统一管理，快速部署，并只需要使用很少的管理工作或很少的与服务器供应商的交互。

云计算是一种利用互联网实现随时随地、按需、便捷地使用和共享计算设施、存储设备、应用程序等资源的计算模式。

2. 云计算的基本特征

云计算具有以网络为中心、服务计量化、资源池透明化等特征，如图 5-4 所示。

（1）以网络为中心

云计算的组件和整体构架由网络连接在一起并存在于网络中，同时通过网络向用户提供服务。而用户可借助不同的终端设备，通过标准的应用实现对网络的访问，从而使得云计算的服务无处不在。

（2）服务计量化

在提供云服务过程中，针对用户不同的服务类型，通过计量的方法来自动控制和优化资源配置，即资源的使用可被监测和控制，是一种即付即用的服务模式。

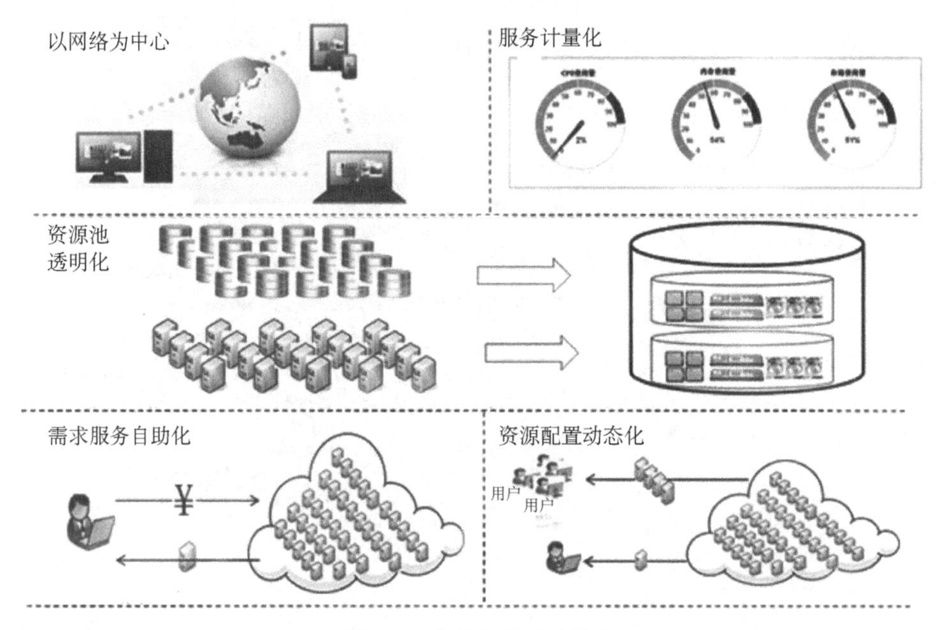

图 5-4　云计算的基本特征

（3）资源池透明化

对云服务的提供者而言，各种底层资源（计算、储存、网络、资源逻辑等）的异构性（如果存在某种异构性）被屏蔽，边界被打破，所有的资源可以被统一管理和调度，成为所谓的“资源池”，从而为用户提供按需服务；对用户而言，这些资源是透明的、无限大的，用户无须了解内部结构，只关心自己的需求是否得到满足即可。

（4）需求服务自助化

云计算为用户提供自助化的资源服务，用户无须同提供商交互就可自动得到自助的计算资源能力。同时云系统为用户提供一定的应用服务目录，用户可采用自助方式选择满足自身需求的服务项目和内容。

（5）资源配置动态化

云计算根据用户的需求动态划分或释放不同的物理和虚拟资源，当增加一个需求时，可通过增加可用的资源进行匹配，实现资源的快速弹性提供。如果用户不再使用这部分资源时，可释放这些资源。云计算为用户提供的这种能力是无限的，实现了IT 资源利用的可扩展性。

3. 云计算的服务模式及部署模式

（1）云计算的服务模式

云计算的服务模式包括以下三个层次的服务：IaaS、PaaS、SaaS。

➢ IaaS：Infrastructure-as-a-Service，指基础设施即服务。通过 Internet 向用户提供

计算机、存储、网络连接、防火墙等基本计算资源设施的服务，主要产品有国外的微软云，国内的阿里云、百度云等。

➢ PaaS：Platform-as-a-Service，指平台即服务。PaaS 指将为用户提供软件研发的平台服务，以 SaaS 的模式提交给用户。PaaS 也是 SaaS 模式的一种应用，比如阿里巴巴、华为、中国移动等。

➢ SaaS：Software-as-a-Service，指软件即服务。SaaS 是通过 Internet 向用户租用基于 Web 的软件的服务，用户无须购买软件，只需租用软件进行管理经营即可，比如微信平台、QQ 平台。

（2）云计算的部署模式

云计算有私有云、公有云、混合云、社区云四种部署模式，它是根据云计算服务的消费者来源划分的。

➢ 私有云：私有云是指组织机构建设专供自己使用的平台，如图 5-5 所示。云端可能位于本单位内部，也可能托管在其他地方。因企业前期需要大量的投入，因此需要采用传统商业模式。私有云的规模相对于公有云来说一般要小得多，无法充分发挥规模效应。

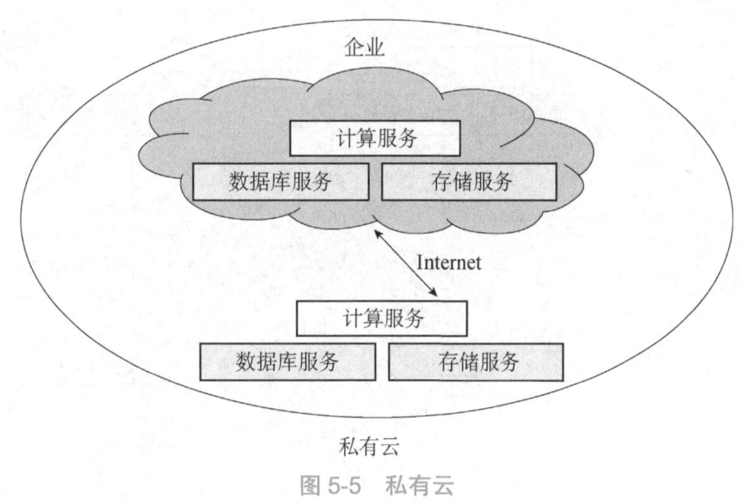

图 5-5　私有云

➢ 公有云：公有云是一种开放给社会公众使用的云服务，如图 5-6 所示，它由云服务提供商运营，为最终用户提供各种 IT 资源，可以支持大量用户的并发请求。因公有云所应用的程序及相关数据都存放在公有云的平台上，自己无须前期的大量投资和漫长建设过程，因此具有规模的优势，其运营成本比较低；只需为其所使用的付费，可节省使用成本。但是数据安全和隐私等问题是使用公有云时需要担心的问题。

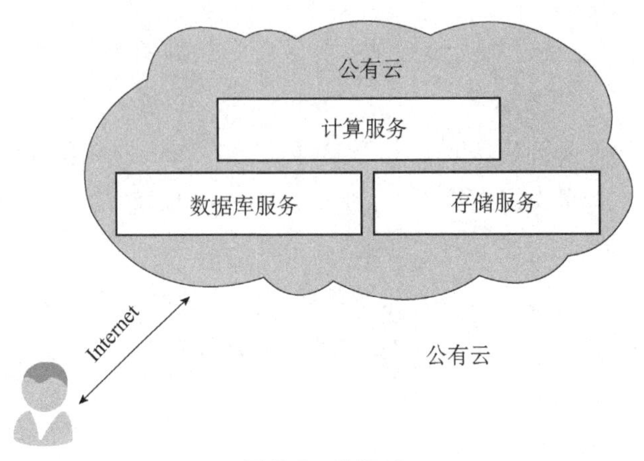

图 5-6　公有云

➢ 混合云：混合云是由私有云及外部云提供商构建的混合云计算模式，如图 5-7 所示。它们各自独立，但用标准或专有的技术将它们组合起来，而这些技术能实现云之间的数据和应用程序的平滑流转。使用混合云计算模式，可以利用公有云运行非核心应用程序，利用私有云来支持其核心程序及内部敏感数据。

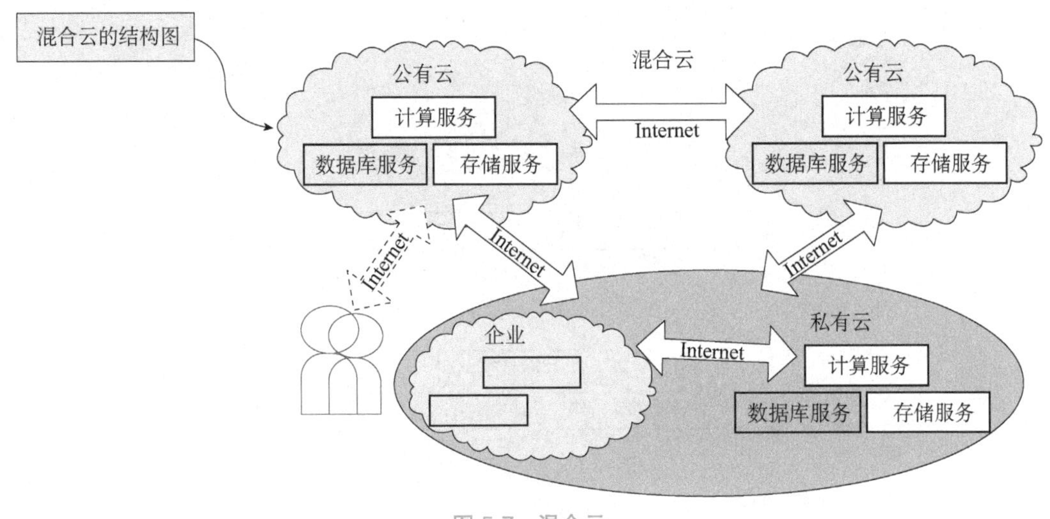

图 5-7　混合云

➢ 社区云：社区云服务的用户是一个特定范围的群体，它既不是一个单位内部的，也不是一个完全公开的用户群，而是介于两者之间。建设社区云所产生的成本由用户共同承担，因此，所能实现的成本节约效果也并不很大，如图 5-8 所示。

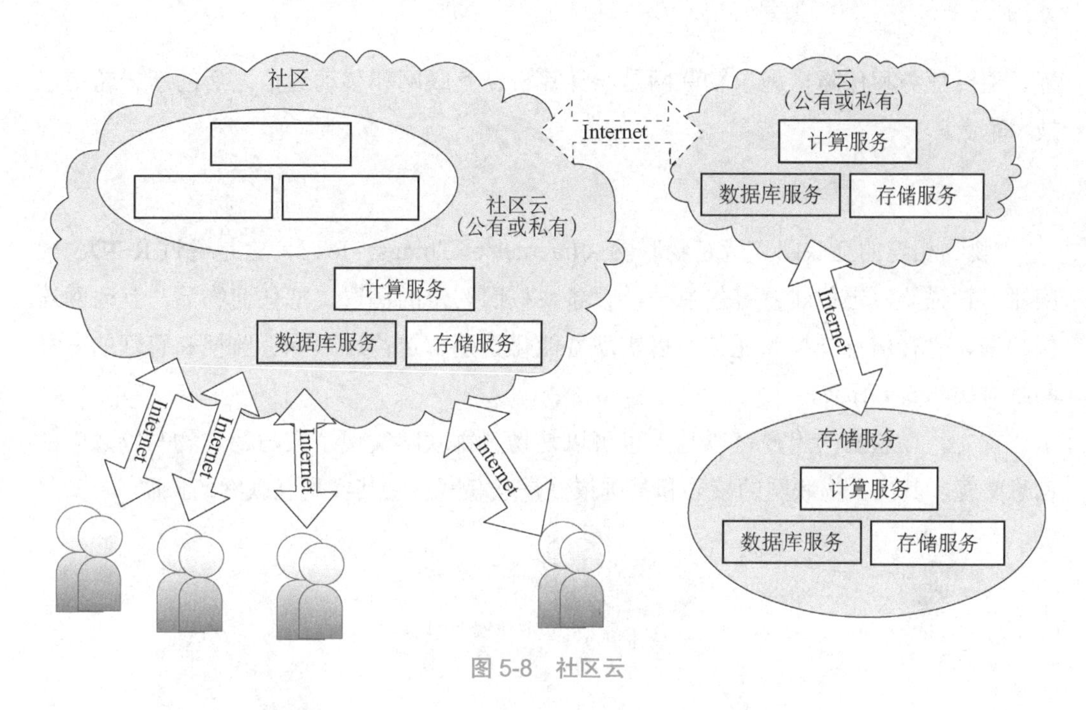

图 5-8　社区云

4. 云计算的应用

目前云计算主要应用在公有云、私有云、云存储、物联网、人工智能、大数据、智能制造、智慧城市等领域内。政府、金融、电力、教育、交通等各行各业都在将自己的业务和应用上云。现如今，人们已经将云计算作为衡量一个现代化企业具备强劲竞争力的一个重要条件。在“互联网+”时代，云计算也是我国提高国家整体实力和国民经济竞争力，抢占新科技、新技术制高点的重要手段。熟悉和掌握云计算技术及关键应用，是助力新基建、推动产业数字化升级、构建现代数字社会、实现数字强国的关键技能之一。

5.2.3　物联网技术

“物联网”这一概念，最早是由麻省理工学院 Auto-ID 中心凯文 • 艾什顿教授在研究射频识别技术（RFID）时于 1999 年提出的。2005 年，在国际电信联盟发布的报告中，物联网的定义和范围已经不再只是 RFID 技术。

2009 年 8 月，我国时任国务院总理的温家宝在无锡考察时做出关于“在激烈的国际竞争中，迅速建立中国的传感信息中心或感知中国中心”的重要指示精神。2011 年 11 月，工业和信息化部印发《物联网“十二五”发展规划》，明确了物联网发展的方向和重点，加快培育和壮大物联网发展。2013 年 2 月，国务院发布了《关于推进物联网有序健康发展的指导意见》，明确了发展物联网的指导思想、基本原则，提出了发展目标、主要任务和保障措施。物联网是继计算机、互联网和移动通信之后的新一轮信息技术革命。

1. 物联网的概念

“物物相连的互联网”就是物联网（Internet of Things，IoT），它是通过RFID、感应器、扫描器、定位装置等信息传感设备，按照约定的协议，把任何物品与互联网连接起来，进行信息交换和通信，以实现智能化识别、定位、跟踪、监控和管理的一种网络，如图5-9所示。

首先，物联网的用户可以是人也可以是物，物联网实现了人与物、物与物之间的信息交互，其次，物联网的核心和基础依然是互联网，它其实是互联网的扩展。

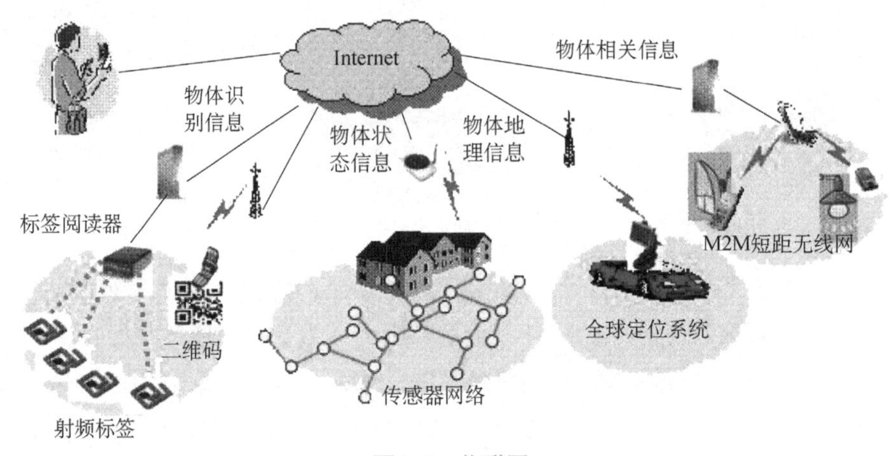

图5-9 物联网

2. 物联网的特点

（1）全面感知

利用无线射频识别（RFID）、传感器、定位器和二维码等手段随时随地对信息进行采集和获取。

（2）可靠传递

通过各种电信网络和Internet的融合，对接收到的感知信息实时传送、交互共享，并进行有效的处理。

（3）智能处理

利用云计算、模糊识别等各种智能计算技术，对海量数据和信息进行分析处理，实现智能化的决策和控制。

3. 物联网的应用

物联网用途广泛，遍及智能交通、环境保护、政府工作、公共安全、平安家居、智能消防、工业监测、环境监测、路灯照明管控、景观照明管控、楼宇照明管控、广场照明管控、老人护理、个人健康、花卉栽培、水系监测、食品溯源、敌情侦查和情报搜集等多个领域。

5.2.4　人工智能技术

1956 年夏季，以麦卡赛、明斯基等为首的一批年轻科学家在一起聚会，共同研究、探讨用机器模拟智能的问题，并首次提出了“人工智能”，它标志着“人工智能”这门新兴学科的正式诞生。人工智能是计算机学科的一个分支，20 世纪 70 年代以来空间技术、能源技术、人工智能被称为世界三大尖端技术，也被认为是 21 世纪三大尖端技术（基因工程、纳米科学、人工智能）之一。近 30 年来人工智能技术迅速发展，在很多学科领域都获得了广泛应用，并取得了丰硕的成果，人工智能已逐步成为一个独立的分支，在理论和实践上都已自成一个系统。

人工智能是研究、开发用于模拟、延伸和扩展人的智能的理论、方法、技术及应用系统的一门新的技术科学。熟悉和掌握人工智能相关技能，是建设未来智能社会的必要条件。

1. 人工智能的概念

人工智能（Artificial Intelligence，AI），是研究人类智能活动的规律，构造具有一定智能的人工系统，研究如何让计算机去完成以往需要人的智力才能胜任的工作，也就是研究如何应用计算机的软硬件来模拟人类某些智能行为的基本理论、方法和技术。

2. 人工智能的特点

（1）通过计算和数据，为人类提供服务

人工智能系统是根据人类的逻辑所设定的程序或运算方法，以实现对人类期望的一些“智能行为”的模拟，在理想情况下必须体现服务人类的特点。

（2）对外界环境进行感知，与人交互互补

人工智能系统可借助传感器等对外界环境感知的设备，像人一样通过感官等接收来自环境的各种信息，借助于键盘、鼠标、显示屏、手势、表情等方式，实现人与机器间可以产生交互，做人类不擅长、不喜欢但机器能够完成的工作。

（3）拥有自适应性和学习特性，可以演化迭代

人工智能系统在理想情况下具有一定的自适应性和学习能力，实现机器客体乃至人类主体的演化迭代，以使系统具有适应性、灵活性、扩展性，来应对不断变化的现

实环境。

3. 人工智能的应用

“--小爱同学？”

“--在！”

“--今天的天气如何？”

“--郑州今天下午，阴天有小到中雨；今天夜里，小雨停止转阴天。偏北风2到3级。最高温度：12到13度；最低温度：9到10度。”

现如今，像“小爱同学”这样的人工智能语音交互引擎有很多，并且已经融入我们的生活中。日常生活中的机器视觉、指纹识别、人脸识别、视网膜识别、虹膜识别、掌纹识别、自动规划、智能搜索、自动程序设计、智能控制、语言和图像理解等，这些都使用了人工智能的技术。人工智能还可以用于问题求解、逻辑推理与定理证明、自然语言处理、智能信息检索技术、专家系统。随着人工智能的不断深入研究和发展，未来将会应用到更多方面。

5.2.5 区块链技术

区块链在2008年11月第一次出现在一篇论文里，2009年1月9日出现序号为1的创世区块，并与序号为0的创世区块相连接形成了链，标志着区块链的诞生。

1. 区块链的概念

区块链（Block Chain），是分布式数据存储、点对点传输、共识机制、加密算法等计算机技术的新型应用模式。区块链技术是利用块链式数据结构来验证与存储数据、利用分布式节点共识算法来生成和更新数据、利用密码学的方式保证数据传输和访问的安全、利用由自动化脚本代码组成的智能合约来编程和操作数据的一种全新的分布式基础架构与计算方式。

2. 区块链的技术特点

（1）去中心化

区块链技术不依赖额外的第三方管理机构或硬件设施，没有中心管制，各个节点实现了信息自我验证、传递和管理。

（2）公开透明

区块链技术基础是开源的，除了交易各方的私有信息被加密外，区块链的数据对所有人开放，任何人都可以通过公开的接口查询区块链数据和开发相关应用，因此整个系统信息高度透明。

（3）集体维护

在整个互联网金融系统，无论是资金的供给者还是资金的借贷者都可以充当保护者的作用，共同维护整个区块链信息的可靠和安全性。

（4）不可篡改、数据库可靠

区块链信息不容易篡改，而整个系统参与者众多，掌握 51%以上节点需要承担极高成本，实现难度大，这样能确保数据的完整性、真实性和安全性。

3. 区块链的应用

区块链应用的领域较多，在金融领域，区块链在国际汇兑、信用证、股权登记和证券交易所等金融领域有着潜在的巨大应用价值；在物联网和物流领域，通过区块链可以降低物流成本，追溯物品的生产和运送过程，并且提高供应链管理的效率，该领域被认为是区块链一个很有前景的应用方向；在公共服务领域，区块链在公共管理、能源、交通等领域都与民众的生产生活息息相关；在数字版权领域，通过区块链技术，可以对作品进行鉴权，证明文字、视频、音频等作品的存在，保证权属的真实、唯一性；在保险领域，区块链可以定制微保险产品，为个人之间交换的高价值物品进行投保，而区块链在贷款合同中代替了第三方角色；在公益领域，区块链上存储的数据，高可靠且不可篡改，适合用在社会公益场景。

本章小结与课程思政

本章介绍了新一代信息技术的概念，并分别介绍了大数据、云计算、物联网、人工智能、区块链的概念知识、技术特点及应用领域。大数据、云计算、物联网、人工智能等智慧产业的出现为社会发展及城市发展带来了巨大的机遇，同时，新型智慧城市建设的加速推进又引发对新一代智慧技术的巨大需求，为智慧产业发展提供了更广阔的空间，形成良好的互动效应。而基于新一代智慧技术应用构建的制度环境和生态系统，有利于激发全社会创新活力，更好地推动我国经济新旧动能转换，不断增强我国经济创新力和竞争力。物联网、云计算、大数据、人工智能既有自身独立的技术特征又彼此相互融合相互辅助。一般在一个云计算平台上，云计算、大数据、人工智能都能找得到。一个大数据公司，通过物联网或互联网积累了大量的数据，会使用一些人工智能的算法提供一些服务；一个人工智能公司，也不可能没有大数据平台支撑。所以，当云计算、大数据、人工智能互相整合起来，便完成了相遇、相识、相知的过程。

新一代信息技术与制造业深度融合，正在引发影响深远的产业变革，形成新的生产方式、产业形态、商业模式和经济增长点。各国都在加大科技创新力度，推动3D打印、移动互联网、云计算、大数据、生物工程、新能源、新材料等领域取得新突破。中国工程院原院长周济在“走向新一代智能制造”的报告中提到，到2035年，新一代智能制造在全国制造业实现大规模推广应用，中国智能制造技术和应用水平走在世界前列，实现中国制造业的转型升级，制造业总体水平达到世界先进水平，部分领域处于世界领先水平，为2035年中国建成世界领先的制造强国奠定坚实基础。周济指出，智能制造作为制造业和信息技术深度融合的产物，其在演进发展中总结出三种范式，包括数字化制造、“互联网+制造”（数字化、网络化制造）和新一代智能制造（数字化、网络化、智能化制造）。中国制造体现了现今中国新一代智能制造和新一轮工业革命水平，“中国制造”将更好地为人类服务。科技强则国强，“中国制造”技术的创新和飞速发展，不仅体现我国的生产水平、科技发展进程，也是我国大国实力的体现。而随着华为、阿里、腾讯等民族品牌的崛起，“中国制造”让我们越来越有民族自豪感和力量！

思考与训练

1. 填空题

（1）新一代信息技术有______、______和______等突出的特征。

（2）Big Data是指______技术。

（3）物联网有______、______、______三个特点。

（4）AI，是研究人类智能活动的规律，构造具有一定智能的______，研究如何让______去完成以往需要人的智力才能胜任的工作，也就是研究如何应用计算机的软硬件来______人类某些______行为的基本理论、方法和技术。

（5）区块链技术有______、______、______、______四个特点。

2. 选择题

（1）在物联网的关键技术中，射频识别（RFID）是一种（　　）。

A．信息采集技术　　B．无线传输技术

C．自组织组网技术　　D．中间件技术

（2）在云计算服务类型中，（　　）向用户提供虚拟数据的操作系统、数据库管理系统、Web应用系统等服务。

A．IaaS　　B．DaaS

C．PaaS　　D．SaaS

（3）人工智能（Artificial Intelligence，AI），是研究、开发用于模拟、延伸和扩展人的智能的理论、方法、技术及应用系统的一门新的技术科学。近年来在技术上取得了长足的进步，其主要研究方向不包含（　　）。

A．人机对弈　　B．人脸识别

C．自动驾驶　　D．3D 打印

（4）区块链是（　　）、点对点传输、共识机制、加密算法等计算机技术的新型应用模式。

A．数据仓库　　B．中心化数据库

C．非链式数据结构　　D．分布式数据存储

（5）（　　）是区块链最早的一个应用，也是最成功的一个大规模应用。

A．以太坊　　B．联盟链

C．比特币　　D．Rscoin

3．思考题

（1）简述大数据技术的特征。

（2）云计算的服务模式和部署模式分别有哪些？

（3）什么是物联网？

（4）人工智能的特点有哪些？

（5）区块链技术可以应用在哪些方面？

（6）简述新一代信息技术之间的相互融合。

第 6 章　信息素养与社会责任

信息素养与社会责任是指在信息技术领域，通过对信息行业相关知识的了解，内化形成的职业素养和行为自律能力。信息素养与社会责任对个人在各自行业内的发展起着重要作用。

学习目标

- ◆ 掌握信息素养的基本概念及主要要素。
- ◆ 了解信息技术发展史。
- ◆ 了解信息安全及自主可控的要求。
- ◆ 了解信息伦理知识。
- ◆ 了解相关法律法规与职业行为自律的要求。
- ◆ 掌握个人在不同行业内发展的共性途径和工作方法。

任务 6.1　信息素养

信息素养是人的整体素质的一部分，是人类传统文化素质的延续和拓展。信息素养的内涵是基于时代特征对人的基本要求而言的。随着社会的发展、信息技术的应用、创新行为的变化、自主学习能力的提高等因素，信息素养的内涵不断地被赋予新的要求。

任务描述

本任务要对信息素养概念界定进行讨论，讲解信息素养的基本概念及主要要素。

任务分析

通过阐述国内外信息素养概念的不同界定，展示了信息素养概念发展的三个阶段，以及信息素养概念动态变化的特点。然后，详细说明了信息素养的 4 个要素：信息意识、信息知识、信息能力和信息道德。

任务实施

6.1.1　信息素养概念的界定

信息素养是一个动态变化的概念。随着社会的发展、新技术的不断出现和发展，信息素养的内涵与外延也处在不断发展和变化之中。

1. 信息素养概念的萌芽阶段（20 世纪 70 年代以前）

信息素养这一概念最早出现于 20 世纪 70 年代。不过，从信息素养的本质上分析，早期图书馆所开展的文献检索技能教育、用户教育都可以视为信息素养观念的萌芽形态。而且，这些萌芽形态，最终也都演化为信息素养。随着科学技术的发展，具备较强的文献检索与利用能力成为人们的基本素质要求。为了提高用户这些方面的能力，图书馆开展了广泛的用户教育，如书目教育、文献检索教育等。与此同时，信息技术的飞速发展，使图书馆开始广泛运用计算机进行管理。这无疑对用户检索能力提出了更高的要求，不具备检索技能，没有计算机知识很难实现信息的获取与利用。实质上，这种能力素质要求已经远远超出图书馆素养所涵盖的范围。

2. 信息素养概念的发展阶段（20 世纪 70 年代至 80 年代末）

1974 年是信息素养概念的起源时间。在这一年，美国信息产业协会（IIA）主席保罗·泽考斯基向美国图书情报学委员会提交了一份提议书，最早使用了"信息素养"这一概念。他认为："信息素养是利用大量的信息工具及主要信息资源使问题得到解答的技能，在未来十年中信息素养将是国家发展的目标。"1989 年，美国图书馆协会（ALA）关于信息素养的总结报告提出了具有一定权威性且被广大研究者经常引用的信息素养定义，即："要想成为具备信息素养的人，必须能够明确何时需要信息，并且具有查找、评价和有效利用信息的能力。"这个定义被美国及其他国家一致认同，至今仍被广泛使用。美国图书馆协会（ALA）提出的概念是对信息素养的准确表述，它标志着人们对信息素养本质的把握提高到了一个新的高度。

这一阶段信息素养由以前单纯的强调文献检索能力，逐渐转向突出信息在解决问题和决策中的作用；不但重视检索技能的培养，也积极引入先进的信息技术设备，尤其是计算机开始在信息获取、处理过程中普遍运用；信息素养不再仅仅是人的一种技能或能力，而且涉及到了个体对待信息的态度、对信息价值的评价与判断、对信息合理与准确地利用、对信息的接受与评估等。

3. 信息素养概念的成熟阶段（20世纪90年代至今）

到20世纪80年代末，经过近20年的研究和探讨，信息素养的概念已基本清晰，也逐步趋于一致。进入20世纪90年代，随着信息环境的变化、网络的出现与迅速发展，一些研究机构和学者在信息素养研究过程中，对其概念又有了一些新的表述。

这个时段，更多地是将信息素养放在信息社会的大背景下来思考的，批判、评价信息的能力被充分重视。信息素养不仅是能力的集合，而且是信息时代人的素质的组成要素，是终身学习的必然要求。

总体来说，信息素养是一种对信息社会的适应能力。信息素养涉及各方面的知识，它包含人文、技术、经济、法律等诸多因素，和许多学科有着紧密的联系。

6.1.2 信息素养的要素

信息素养的内涵应覆盖信息意识、信息知识、信息能力和信息道德四个层面的内容，也称信息素养的四个要素。

1. 信息意识

信息意识是信息技术学科四大核心素养之一，它是指客观存在的信息和信息活动在人们头脑中的能动反映，表现为人们对所关心的事或物的信息敏感力、观察力和分析判断能力及对信息的创新能力。它是一种意识，为人类所特有。信息意识是人们产生信息需求，形成信息动机，进而自觉寻求信息、利用信息、形成信息兴趣的动力和源泉，通俗地讲，就是面对不懂的东西，能积极主动地去寻找答案，并知道到哪里，用什么方法去寻求答案，这就是信息意识。

信息意识包括信息经济与价值意识、信息获取与传播意识、信息保密与安全意识、信息污染与守法意识、信息动态变化意识等内容。

信息意识属于社会意识范畴，它犹如商品意识等，是一定范围内活动的人对外界事物的一种反映。因此，信息意识不是先天就有或仅通过传授就可获得的，而是在自身素质的基础上，通过后天学习、生活和社会实践形成与发展起来的。由此可见，单靠学习书本知识是不行的，要靠在工作实践中有意识的培养和提高。

2. 信息知识

信息知识是指与信息有关的理论、知识和方法，包括信息理论知识与信息技术知识。信息理论包括信息的基本概念、信息处理的方法与原则、信息的社会文化特征等。有了对信息本身的认知，就能更好地辨别信息，获取、利用信息。信息知识是信息素养教育的基础。

信息，指音讯、消息、通信系统传输和处理的对象，泛指人类社会传播的一切内容。人通过获得、识别自然界和社会的不同信息来区别不同事物，得以认识和改造世界。信息是对客观世界中各种事物的运动状态和变化的反映，是客观事物之间相互联系和相互作用的表征，表现的是客观事物运动状态和变化的实质内容。

信息的概念说明了人的认识过程在本质上是一个信息反馈的过程，在人的认识活动中，主体对于客观信息的识别能力、客体本身的反映属性的对象性质、主体的知识信息对于人的认识产生深刻的影响，客体的本质实际上是通过客体固有的反映属性，即信息来折射的。因此要把信息作为一个认识对象来研究。

3. 信息能力

信息能力指理解、获取、利用信息及利用信息技术的能力。理解信息即对信息进行分析、评价和决策，具体来说就是分析信息内容和信息来源，鉴别信息质量和评价信息价值，决策信息取舍及分析信息成本的能力。获取信息就是通过各种途径和方法搜集、查找、提取、记录和存储信息的能力。利用信息即有目的地将信息用于解决实际问题或用于学习和科学研究之中，通过已知信息挖掘信息的潜在价值和意义并综合运用，以创造新知识的能力。利用信息技术即利用计算机网络及多媒体等工具搜集信息、处理信息、传递信息、发布信息和表达信息的能力。

人们对信息能力基本构成的认识随着信息技术的发展及其在人类社会生活的广泛应用而不断地深化和发展。美国劳工部（SCANS）在其所做的调查报告中对信息能力的基本构成进行了详细的描述，指出信息能力具体包括获取信息、评估信息；组织信息、保存信息；诠释信息、交流信息；利用计算机处理信息等能力。

信息能力的评估是以开展信息行为的主体为中心的，对主体的信息能力进行的评价。这种评价对信息能力的培育起着重要的指导作用。信息能力评价从本质上说，是一个为信息活动主体提供决策服务的过程。

4. 信息道德

信息道德是指在信息领域中用以规范人们相互关系的思想观念与行为准则。

信息道德意识是信息道德的第一层次，包括与信息相关的道德观念、道德情感、道德意志、道德信念、道德理想等。它是信息道德行为的深层心理动因。信息道德意识集中地体现在信息道德原则、规范和范畴之中。

信息道德关系是信息道德的第二层次，包括个人与个人的关系、组织与组织的关系。这种关系是建立在一定的权利和义务的基础之上，并以一定的信息道德规范形式表现出来的。如联机网络条件下的资源共享，网络成员既有共享网上信息资源的权利，也要承担相应的义务，遵循网络的管理规则。成员之间的关系是通过大家共同认同的信息道德规范和准则维系的。信息道德关系是一种特殊的社会关系，是被经济关系和其他社会关系所决定的、所派生出的人与人之间的信息关系。

信息道德活动是信息道德的第三层次，包括信息道德行为、信息道德评价、信息道德教育和信息道德修养等。这是信息道德的一个十分活跃的层次。信息道德行为即人们在信息交流中所采取的有意识的、经过选择的行动。根据一定的信息道德规范对人们的信息行为进行善恶判断，即为信息道德评价；按一定的信息道德理想对人的品质和性格进行陶冶就是信息道德教育；对自己的信息意识和信息行为的自我解剖、自我改造就是信息道德修养，信息道德活动主要体现在信息道德实践中。我们在享受自己权利的同时，不能忘记自己所应尽的义务，不能伤害他人的利益，体现为集体主义原则或互利原则，它体现了网络行为主体道德权利和义务的统一。社会的和谐需要大家共同维持，每个社会成员都集权利与义务于一身。网络加强了社会一体化的趋势，把世界各国、各地区及社会各部门、各行业联成一个不可分割的整体。所以集体主义是人类文明发展的必然，个人的发展离不开集体，因此要互助互利，和谐发展。

我们要明确信息道德建设的基本原则。网络赋予人们一种自由，让人们感到自己就是网络的主人，也正因为这种自由才使得网络始终具有它绵延不绝的生命力，而人类的生存也同样离不开自由。当信息技术、网络不仅仅是工具，而成为人们的生存状态时，它所提供给人们行为的自由方式更成为人们生存所必不可少的东西。网络为人们自由的生存提供了条件，而自由又是信息社会人们存在的基本需要。在这样一个日益发展的社会中，行动的自由之所以被赋予个人，并不是因为自由可以给予个人以更大的满足，而是因为如果他被允许按其自己的方式行事，那么一般来讲，他将比他按照我们所知的任何命令方式去行事，能更好地服务于他人。

共同的信息活动需要共同的信息道德来维持共同的秩序，这就需要由来自不同文化背景的信息道德进行充分整合，最终构建出一个为不同国家的人们所接受，为全球性信息活动提供一种公认的、底线的信息道德体系。

信息素养的四个要素共同构成一个不可分割的统一整体，其中信息意识是先导，信息知识是基础，信息能力是核心，信息道德是保证。

任务 6.2 信息技术发展史

信息素养是人的整体素质的一部分，也是企业不可分割的一部分。信息技术的发展依赖信息素养的各个要素，高水平的信息素养反过来会促进信息技术的发展。

任务描述

本任务介绍知名创新型信息技术企业——联想集团的初创和成功发展历程，以及经历的困境，展示信息技术的发展和品牌培育脉络，使学生树立正确的职业理念。

任务分析

首先介绍联想集团的初创情况，然后重点介绍联想集团的发展历程，包括重大事件、光辉时刻、发展过程中的困境及重要的信息技术情况，最后总结了发展过程中的关键因素，以及信息素养的体现。

任务实施

6.2.1 联想集团初创

联想集团，于 1984 年由中国科学院计算技术研究所的 11 名科技人员创办。怀揣着 20 万元人民币（2.5 万美元）的启动资金，以及将研发成果转化为成功产品的坚定决心，这 11 名科研人员在北京一处租来的传达室中开始创业，年轻的公司被命名为“联想”（Legend，英文含义为传奇）。

6.2.2 发展历程

在公司发展过程中，联想勇于创新，实现了许多重大技术突破，其中包括成功研制了可将英文操作系统翻译成中文的联想式汉卡，开发出可一键上网的个人 PC，并于 2003 年，推出完全创新的关联应用技术，从而确立了联想在 3C（China Compulsory Certification，中国强制性产品认证）时代的重要地位。凭借这些技术领先的个人 PC 产品，联想登上了中国 IT（Information Technology，信息技术）业的顶峰。自 1997 年起，联想一直蝉联中国国内市场销量第一，占中国个人 PC 市场超过三成份额。市值从最初的 20 万元人民币，到 2012 年度年收入 295.744 亿美元，利润 4.73 亿美元，国际排名354名。2021年8月2日，《财富》杂志公布了2021年世界500强排行榜，已经连续上榜11年的联想集团位列世界500强第159位，较2020年大幅提升了65位。在净资产收益率（ROE）榜上，联想集团位列中国公司第一。

整个发展过程中的主要事件有：

1997年起，联想连续8年占据中国市场份额第一的位置。

2003年，推出完全创新的关联应用技术，登上了中国IT业的顶峰。

2006年2月，在都灵第20届冬季奥运会上，联想提供了近5000台台式机、600多台笔记本电脑、近400台服务器、1600台桌面打印机及技术支持和服务，历经17天冬奥会赛程，2次大型预演，16次测试比赛，100余项模拟检测，联想始终表现如一。尤其是在冬奥赛事进行当中，联想所提供的所有IT产品无一例外地实现了“零故障”运行，赢得了国际奥委会和都灵奥组委的高度信赖和评价。

2009年联想宣布向移动互联转型，大举进军智能手机和平板电脑，但偏重于终端层面，研发、营销、渠道等仍主要为传统模式，其竞争对手小米日渐做大，华为、魅族等已经提出了更全面的转型互联网路径。因此，联想2013年再度强化了转型互联网业务的理念，不仅成立了数字营销团队，还推出了互联网创业平台NBD，其投资业务乐基金也重点瞄准互联网领域，而互联网子公司的成立，标志着联想向互联网转型又迈出了一步。

2011年1月28日，联想集团与NEC公司宣布成立合资公司，形成战略合作，共同组建日本市场上最大的个人计算机集团。这次强强联手，惊动业界，通过更强大的市场地位、产品组合及分销渠道，为联想和NEC提供一个独特的机会，在日本这个全球第三大个人PC市场发展商用及消费计算机业务。

2012年，U310和U410笔记本电脑上市，但由于本身的缺陷导致WiFi变慢，或无法工作。联想与原告在诉讼中达成和解，将向购买U310和U410两款缺陷笔记本电脑的美国用户退款100美元，或提供250美元优惠券。联想提供的250美元购物券只能在该公司的官方网站使用。如果不想接受100美元退款或250美元购物券的用户，则可以享受免费维修，并将保质期延长一年。另外，自掏腰包修复WiFi问题的用户，只要能提供相关证明，也可以得到联想的补偿。

2013年11月，Gartner和IDC相继发布报告称，2013年全球智能手机出货量超过10亿部。2014年，这个市场将继续增长，Gartner预测，中国手机企业将占据全球市场前五名中的三席。

2014年7月25日，联想旗下互联网创业平台NBD（New Business Development，昵称“新板凳”）部门正式推出该平台自成立以来首批“孵化”的三个创新产品：智能眼镜、智能空气净化器和智能路由器。

2014 年 12 月 10 日，联想集团与政府管理部门共同宣布了一起召回项目，因部分笔记本电脑电源线存在起火风险，从而将在全球范围内召回。此次召回的产品涉及 2011 年 2 月至 2012 年 6 月期间的联想 IdeaPad 和 Lenovo 系列笔记本电脑所使用的 AC 电源线。联想在其网站罗列了可能受到此次召回项目影响的机器型号，联系笔记本电脑用户可尽快到该网站进行查询，经验证后可免费获得一根新的电源线。

2015 年 4 月 15 日，联想发布了新版 Logo，以及新的口号“never stand still”（永不止步）。2015 年 11 月 20 日，联想集团为中小企业量身打造的 IT 整体解决方案平台“e 企联想”在成都正式上线，“e 企联想”将采用轻顾问咨询和线上线下 O2O 结合的方式，为中小企业提供包括产品销售、解决方案、定制服务、资源共享在内的“4S”服务，充分利用联想的实力和丰富经验，帮助中小企业快速发展，成就“互联网+”时代的“大众创业、万众创新”之路。

2017 年 8 月 24 日，联想正式推出联想智能电视 E8 系列新品。

2018 年 5 月 8 日，联想集团董事长兼 CEO 杨元庆通过内部信宣布联想正式成立全新智能设备业务集团。

2019 年 11 月 15 日，联想宣布推出全球首款 5G 计算机。该计算机包括三项核心技术：双制式全频段、频率自适应天线、双路闪充。

2021 年，联想集团营业额再创历史新高，并于 12 月 9 日正式推出 YOGA 智能投影 T500 Play。联想 YOGA 智能投影 T500 Play 定位移动高清投影，具有百寸投射面积、影院级震撼音效、超大电量便携移动等主要特性。

2021 年 6 月公布的全球高性能计算 TOP500 榜单中，联想以 184 套的成绩再次蝉联榜单制造商份额第一，全球市场份额超三分之一。

6.2.3　成长中的关键因素

纵观联想集团在成长和成功过程中的主要事件，可以发现影响其发展的关键因素有以下几个。

1. 科技创新

联想在公司的发展过程中，发明并拥有 2000 多项专利，其中包括可将英文操作系统翻译成中文的联想式汉卡、一键上网的个人 PC、关联应用技术等。凭借这些技术领先的个人 PC 产品，联想登上了中国 IT 业的顶峰。同时，加大研发力度，以用户为导向，不断推出高技术含量的信息产品，并大力开展业务。只有进一步加强自主创新的能力，通过在信息化过程中自主规划、自主研发、使用自主化产品、自主运维，才能建成与应用需求相适应的自主可控信息安全体系，实现信息安全及自主可控。

2. 开拓市场

为了进一步与世界接轨，联想在整个发展的过程中进行了多次收购，提升核心竞争力。通过更强大的市场地位、多样化的产品、产品组合及分销渠道，为联想提供更多的机会和平台，在全球创造更广泛的发展空间。

3. 诚信经营

当产品出现问题时，第一时间站出来承担责任，不只是承诺诚信，更重要的是践行诚信，以及履行诚信的觉悟和道德，因此，才有了联想品牌美誉度和市场影响力。诚信是企业珍贵的财富，利润的源泉，更是企业可持续发展的基石。

4. 企业公民

联想承诺成为一名负责和积极的企业公民，不断改善经营，为社会发展做出贡献。联想坚信企业是社会的一个重要部分，并致力于与员工和当地社会一道改善人们工作和生活的质量。

5. 学习

一个人的能力和心胸往往与其知识、眼界成正比。联想领导者在很多公开场合，提到学习能力对于企业领导者的重要性。这应该得益于他自身的学习体悟。作为中科院的科研人员，联想最初的创业者们过去没有任何做业务、从商的经历，更没有管理企业的经历。他们靠什么成就了今天的联想？唯有学习。通过学习，他们看到了自己的不足，也弥补了自己的缺乏。这是一个自我蜕变、凤凰涅槃的过程。没有一种对事业的远大追求、坚决的信念，人们不可能做到持续学习，更不会不断改善自己的学习。

由此可知，联想在信息意识、信息知识、信息能力和信息道德四个层面不断地提高和完善，提升自己的信息素养。较高的信息素养是企业发展的基石，也是人们完美职业生涯的必备条件。

6.2.4 发展使命

面向新世纪，联想将自身的使命概括为“四为”：第一，为客户，联想将提供信息技术、工具和服务，使人们的生活和工作更加简便、高效、丰富多彩；第二，为员工，创造发展空间，提升员工价值，提高工作生活质量；第三，为股东，回报股东长远利益；第四，为社会，服务社会文明进步。未来的联想将是“高科技的联想、服务好的联想、国际化的联想”。

联想的创新精神和 IBM 个人 PC 事业部不断寻求突破的传统在今天的联想得到了延续，新联想是一个具有全球竞争力的 IT 巨人。

然而，品牌打造是一个漫长而艰辛的过程。在很多行业，有时候，消费者坚信国外产品优于国内产品，均愿意出去采购，从到日本采购中国造马桶盖，再到法国的红酒，无一不说明，目前我国企业在打造产品品牌过程中存在很多问题。我们需要具有开放性的国际型战略和锐意创新的精神。丰富个人职业理念有助于为企业储备更多的人才。

职业理念是指由职业人员形成和共有的观念与价值体系，是一种职业意识形态。职业理念是为保护和加强职业地位而起作用的精神力量，是在其职业内部运行的职业道德规范。倡导树立正确的职业理念，作为员工职业生涯中的重要一环来对待，这是因为现代企业管理不同于传统的企业管理，它更需要企业员工的高度认知，才能形成有竞争力的企业能力。正确的职业理念，对员工的职业生涯具有良好的指引作用，使员工自觉地改变自己，跨上新的职业台阶。正确的职业理念也可以提高员工的职业修养。所以，对于我们个人来说，要想有完美的职业生涯，取得优异的成绩，就需要有良好的职业理念。

职业理念必须是适时的。任何超越或滞后的职业理念都会影响员工的职业发展。任何人的职业理念都应该是与时俱进的。企业处在什么样发展阶段上，员工就应该奉行什么样的适合企业发展阶段的职业理念。当企业管理提升时，如果员工的职业理念仍停留在原来的阶段上，不学习也不改变，这样的员工不是被企业淘汰，就是被自己淘汰，因为他会感到与企业格格不入，他会厌倦工作。当然，员工的职业理念也不能太超前，脱离了企业发展的现实，而对企业提出许多苛求，其结果也是一样的，要么不得志，要么被企业所谢绝。职业理念必须符合企业管理目标。企业的成长过程，实际上是企业管理目标的实现过程。作为企业的一员，必须充分了解企业管理目标，构建与企业管理目标一致的职业理念。企业在管理过程中，会强调纪律，也会强调质量、强调技术，作为企业的员工，应该不断地接受企业的教育与培训，加强学习，适应企业管理的要求。

所以，要保持一颗平常心，理性地做好职业生涯中的“三个”定位工作，即“科学定向、理性定点、合理定位”。进行科学定向的目的是避免职业生涯决策犯“方向性”错误；理性定点的目的是综合多方面因素，努力实现自身的人生价值；合理定位的目的是避免盲目攀比，根据自己的兴趣爱好、知识结构水平、能力、薪资期望、环境等因素进行全面分析，做出准确的定位。

任务 6.3　信息伦理与职业行为自律

随着信息社会的不断发展，信息技术的广泛应用正在深刻影响着人际关系与社会结构。越来越多的人使用信息技术，信息技术在给人们带来机遇的同时，也衍生出一些影响传统社会秩序的伦理问题。

任务描述

通过本任务的学习，要求掌握信息伦理知识并能有效辨别虚假信息，了解相关法律法规与职业行为自律的要求，了解个人在不同行业内发展的共性途径和工作方法。

任务分析

首先介绍信息伦理和职业行为自律的相关知识，然后，通过借壳上市的案例，让学生了解辨别虚假信息的方法，以及更深刻地认识到信息论理与职业行为自律的重要性。

任务实施

6.3.1　信息伦理

1. 产生与发展

20 世纪 70 年代中期，美国伦理学家曼纳（Walter Maner）教授率先提出并使用“计算机伦理”这个术语。其后，各领域的学者开始深入研究此问题，向多领域、多学科渗透，使计算机伦理研究不断深化与发展。

20 世纪 90 年代中期，罗格森（Simon Rogersom）和贝奈姆共同发表了文章《信息伦理学：第二代》，文中指出计算机伦理的研究内容和范围狭窄，它只是信息伦理的一部分，只有在信息伦理的指引下，才能更好地应对信息技术所带来的挑战。此后，信息伦理问题的研究呈现快速发展的趋势。

2. 概念

信息伦理，指的是以“善”为目标，以非强制力为手段，调整在信息生产、传播、利用和管理等信息活动中人与人之间关系的规范和准则。

3. 信息伦理的特征

（1）自主性。与现实社会伦理相比，信息伦理呈现出一种更多的自主性、更少的依赖性的特点。

（2）开放性。信息社会的到来，使人类交往的时空障碍消除了，在相互沟通之中，人们理解和宽容了“异己文化”，随着网络的发展，信息伦理的开放性由可能变为了现实。

（3）多元性。信息伦理呈现出多元化、多层次的特点。

（4）共享性和普遍性。信息自身就具有共享性和普遍性，信息的无国界传播、网络信息交流的迅猛发展及跨国数据流的增长，都空前地彰显了信息的共享性和普遍性。

（5）技术相关性。信息不是单独孤立存在的，信息的生产、传播和利用都需要有技术的参与，信息与技术是不可分的。信息伦理是信息活动中的伦理；信息与技术不可分，信息活动也是离不开技术而独立作为的，所以信息伦理是与技术相关的，即信息伦理具有技术相关性。当信息伦理面对具体的信息活动中所存在的伦理问题时，有时就有许多技术层面的困扰。例如，在判断什么形式的超文本链接是合伦理的时候，它就与技术高度相关。

（6）发展性。信息伦理的发展性是与其技术相关性联系在一起的，信息技术是一直以飞快速度向前发展着的，而信息伦理具有技术相关性。信息技术的迅猛发展，必然要求信息伦理也要具有发展性。这里不是说信息伦理的一些基本原则是不停地变化的。作为信息伦理的基本原则具有永恒性，但是这些基本原则的具体细则面对复杂的发展着的信息技术具体问题时，也是要发展的，它会不断地遇到新问题，接受新的挑战。

6.3.2　职业行为自律

1. 职业行为

职业行为是指人们对职业劳动的认识、评价、情感和态度等心理过程的行为反映，是职业目的达成的基础。从形成意义上说，它是由人与职业环境、职业要求的相互关系决定的。职业行为包括职业创新行为、职业竞争行为、职业协作行为和职业奉献行为等方面。

2. 职业行为的道德意义

对职业行为的道德意义进行分析，是明确职业行为道德责任的必要条件。

职业活动中除了一些不涉及职业道德准则、不具有职业道德意义的非职业道德行为之外，大量的职业行为都具有道德意义。因为，人的职业行为不是孤立地发生的，而是在各种各样的社会关系中进行的，就会和社会、集体、他人发生联系而形成一定的道德关系，这就是职业行为的道德意义所在。

（1）从职业和国家、社会的关系来分析

职业是由于社会分工而产生的，各种职业与社会的关系就像细胞和肌体一样密不可分，如果某一职业活动受阻或遭到破坏，整个社会生活将受到影响；如果整个社会秩序动荡不安，职业活动也无法进行。具体的某一职业活动反映的往往是局部的小团体利益或个人利益，它常常会和社会的整体利益发生冲突和矛盾。对于这些矛盾和冲突，除了用行政和法律手段进行调节外，还要依靠道德的力量调节。职业道德的作用就是通过规定各种职业所应承担的社会义务和社会责任来确保各行各业与社会的正常联系，协调它们与社会整体的关系，使每一种职业的社会职能都正常发挥并与社会机器的运转相协调，促进社会向前发展。

（2）从职业和职业之间的关系来分析

在社会分工越来越细的今天，任何职业活动都不可能是孤立的，尤其是生产性行业，自给自足的小农生产形式早已被社会化大生产代替，在社会主义市场经济的条件下，随着职业活动中竞争机制的引入，不同职业之间、同一行业的不同企业之间，竞争越来越激烈，如何保证和协调各种职业之间的平等互利关系，就成了一个重要的道德问题。

（3）从从业者与服务对象的关系来分析

每种职业都有自己特定的服务对象，如果要促成、维持和保证他们之间的融洽和谐、互助互利的关系，就需要一定的道德协调和约束。

（4）从职业和职业者自身的关系来分析

人们在选择某种职业时，一般主要考虑这样几个因素：一是该职业经济收入的高低；二是该职业的社会地位，包括社会对该职业的评价及职业者本人从事该职业的前途；三是该职业的社会意义。但是在我国现有条件下，职业的选择还受到一系列外在因素的制约，还不能充分满足人们的职业理想，人们还不能完全按照自己的意愿去选择职业，这样就有可能造成个人愿望和从事的职业的矛盾冲突，表现为对现状不满足、工作不安心等，它会使个人的劳动积极性和创造性受到一定程度的挫伤。协调个人与职业的关系，就需要一定的道德约束。

3. 职业行为自律

职业行为的发生都会伴随着一定的道德价值产生，职业行为体现着一定的道德关系，正因为此，才有职业行为的道德责任可言，才有必要培养从业者的职业道德责任感，做到职业行为自律。

不仅要认识从业者应该对自己的职业行为负一定的道德责任，进行职业行为自律，而且有必要弄清从业者应该在什么范围和限度内对自己的职业行为进行自律。只有这样，才能有效地培养从业者的职业道德责任感。

制约从业者职业行为选择的因素是多方面的，既有主观上的，也有客观上的。人的行为选择及行为的实施，受到主客观各种因素的制约，并不是完全自由的，这就要求在分析某种职业道德问题时，除了要分析行为者的主观原因之外，还必须分析和指出造成这些现象的客观的社会原因。

（1）客观上存在着选择的可能性。就是说，只有当社会历史条件和客观环境使人们有可能做某件事或选择某种行为，才能要求人们对其行为负责。对于客观上根本不可能选择的行为，当然不能要求人们承担道德责任。

（2）主观上有选择的能力。就是说，从业者必须具有承担道德义务、职业选择和实现行为的能力。对于没有能力选择某种行为并加以实施的人来说，不具有相应的责任。这里所说的“能力”的含义为一是指从业者具有正常的理智、正常的辨别是非的能力；二是指从业者具有实现某种行为选择的特定的能力。

（3）道德义务上应该做的事情和应该选择的行为。就是说，对从业者本分的工作或分内之事，如果去做了而且做好了就算尽了道德责任，如果没有去做或没有做好，那就负一定的道德责任。同时，如果从业者按照合理的道德规范和要求选择自己的职业行为，就尽到了道德责任，反之，就要承担一定的道德责任。

从业者对所选择的职业行为的责任限度是由以上三种因素共同决定的。在这个限度内，从业者必须对所选择的职业行为和后果负责。因此，我们在判断从业者职业行为的道德责任时，应当把几个因素综合考虑，以做到职业行为自律。

总之，在职业生活中，职业道德责任是一种普遍存在的社会关系和社会要求，除非缺乏任何客观可能性，除非行为者不具备能力或者能力受到了特殊条件的限制，否则每个从业者对企业、社会、别人都承担有一定的责任。自觉履行职业道德责任，进行职业行为自律，就是要求广大职业人员把职业道德责任变成自觉履行的道德义务，做好本职工作，这是职业道德对从业人员最一般、最基本的要求，也是职业行为自律的一个重要内容。

6.3.3 借壳上市案例

1. 背景介绍

借壳上市作为一种融资方式，可以改善拟借壳公司的业绩表现。通常优质的企业更容易吸引被借壳方从而顺利借壳。企业是否优质，最为直接的判断就是公开披露的会计信息。会计信息披露最基本的要求就是具有真实、相关、可理解和及时性等特征。然而在利益的驱使下，信息披露往往与这些要求背道而驰。从企业的角度来看，信息伦理是社会普遍默守的契约，具有对企业经济活动良好运行的指导作用。从会计人员的角度来看，会计职业道德能对会计人员的行为进行规范和约束。信息伦理与会计职业道德都能促使企业遵守相关准则，进行规范的信息披露。

会计职业道德是职业活动中应当遵循的行为准则和规范。它作为一种软约束，最主要依靠会计人员的自律行为，其强制性不如法律法规。会计职业道德体现的是会计人员的作风态度、职业风貌。我国《会计基础工作规范》和《会计法》明确规定，会计人员的职业道德规范有 8 项具体内容，包括爱岗敬业、诚实守信、廉洁自律、客观公正、坚持准则、提高技能、参与管理、强化服务。会计从业者自觉遵守会计职业道德，能够减少舞弊行为的发生，规范执业，提高会计信息质量。

会计信息影响到使用者的决策。基于此，企业的会计信息需要按照法规要求在规定的时间内公开。我国相关财经法规明确指出：在持续经营期间，上市公司应当公开企业现金流量、利润状况、资产负债表等各项资产负债的情况、所有者权益变动的情况及相关附注等信息。会计信息披露质量的高低取决于披露的真实可靠性，披露的时间是否及时，内容是否准确。高质量的会计信息能够有效帮助投资者做出决策，因此，对会计信息披露质量提出要求是必要的，具体包括披露的真实性、相关性、可理解性和及时性等。

2. 案例介绍

借壳方——A 集团，成立于 2015 年。集团主要产品为企业服务平台，依托专业化团队进行企业间的资源整合，为客户提供全方位托管服务。行业内日益严峻的竞争形势使得 A 集团面临发展瓶颈，从 2015 年 6 月开始，A 集团进行多轮融资扩大企业的业务规模，同时也在积极地寻找上市壳资源。在服务行业整体不景气的情况下，A 集团的业绩反而逆势增长，这种异常的财务数据也能反映出该集团会计信息披露的真实性存疑。

被借壳方——B 企业，成立于 2000 年。2018 年 9 月上市后，经营状况不佳，业绩表现呈现下滑的趋势且下滑幅度逐渐增大。并且，随着企业发展，存货周转率反而明显降低，仓库内积压了大量存货，同时原材料等业务成本也处于递增状态，净利润一直下滑。

在借壳的过程中，企业和从业者存在信息披露违规行为。

（1）信息披露不真实

通过与长期合作供应商和客户搭建的客户关系，相互串通舞弊，累计虚增平台服务收入和贸易收入。销售与收款循环及采购与付款循环多项业务都是虚增的，合同背后没有原始凭证的支撑，或者原始凭证是伪造的。

（2）虚增银行存款

具体手段是虚增其他应收款收回、转出资金但不入账、虚构退回购房款、虚假记载其他应收款、通过关联企业汇入资金，多重舞弊之后，货币资金虚增的金额占账面余额的大部分金额。

3. 职业行为分析

信息伦理可以从企业和个人的层面进行规范，会计职业道德准则是从会计的个人层面强调准则规范的遵守，诚然，信息伦理和职业道德要求每一位员工都要规范其职业行为。会计人员作为经济活动的主体、企业与其他利益相关方的公开信息的撰写者，是企业对外诚信经营，建立信誉的关键。因为会计人员的职业判断直接影响会计信息质量的高低。如果违反职业道德的要求，不遵守准则和行业规范，缺乏自我约束，那么企业会计信息披露的质量就难以得到保证。会计职业道德总共有8项具体内容分别从思想态度、工作态度、职业规范、专业胜任能力方面对执业人员提出要求。如今为了谋求利益，社会舞台充满了功利主义、金钱主义、利己主义，最为常见的表现形式就是财务造假、会计信息披露不合规。强调会计人员遵守职业道德的目的即是从源头杜绝财务舞弊行为，确保企业信息披露的真实性、合规性，提升会计信息的质量。在本案例中，A集团的会计人员编制虚假会计信息，严重违反了诚实守信、坚持准则的职业道德要求。有时执业人员是否能够遵守职业道德准则，不仅受到来自外界的诱惑，更可能受到来自其他方面的压力。在A集团如此庞大的财务造假中，领导层自身本就没有起到带头的作用，反而是作为不诚信的代表，领导了这次财务造假。这时来自管理层的压力导致会计人员遵守道德准则难以实现。这种情况下，只考虑自身清正廉洁、不违规是不够的，更要有敢于说“不”的勇气和决心，否则信誉受损之余，更会受到处罚。

本章小结与课程思政

本章介绍了信息素养的基本概念及主要要素，介绍了信息技术发展史及联想集团的兴衰变化过程，以及信息伦理知识、相关法律法规与职业行为自律的要求。

在知识点的讲解过程中，融入道德伦理和职业理念方面的思政内容，使学生在将来的职业行为中做到自律，不提供、捏造虚假信息，遵守职业道德规范，树立正确的职业理念，做一个合格的从业者。

思考与训练

1. 填空题

（1）信息素养的四个要素是________、________、________和________。

（2）信息素养概念的界定经历了____________________、____________________和____________________三个阶段，由此可见，它是一个________的概念。

（3）信息道德是指在信息领域中用以规范人们相互关系的________与________。

（4）职业理念是指由职业人员形成和共有的观念和价值体系，是一种__________。

（5）20 世纪_____年代中期，美国伦理学家_______教授率先提出并使用“计算机伦理”这个术语。

2. 选择题

（1）信息的概念说明了人的认识过程在本质上是一个（　　）反馈过程。

A．物质　　B．意识

C．信息　　D．能力

（2）信息意识属于社会意识范畴，它犹如商品意识等，是一定范围内活动的人对（　　）的一种反映。

A．内部意识　　B．外界意识

C．内部事物　　D．外界事物

（3）信息知识是指与信息有关的理论、知识和方法，包括信息理论知识与（　　）。

A．信息技术知识　　B．信息

C．信息实践知识　　D．信息能力

3．简答题

（1）信息是指什么？

（2）信息素养的基本概念是什么？

（3）信息伦理的概念是什么？

4．思考题

（1）你认为什么样的职业理念才能称为是良好的职业理念？

（2）怎样才能做到职业行为自律？